利き脳片づけ術

惯用脑整理术

[日] 高原真由美 ⊙ 著
规划整理塾 ⊙ 译

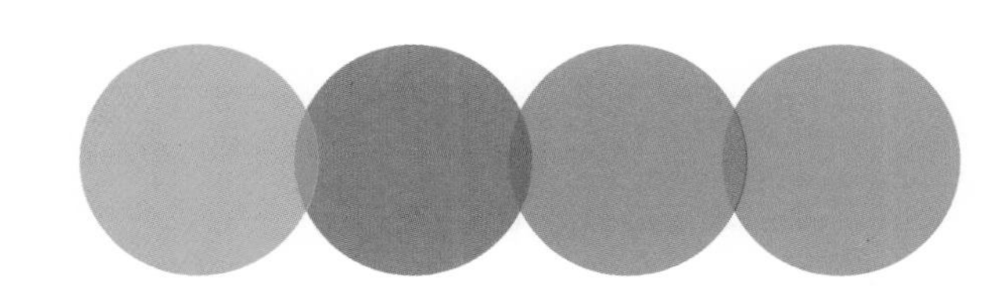

台海出版社

北京市版权局著作合同登记号：图字01-2022-3243

摄影/田中麻以　林竑辉（小学馆）插图/岸本みゆき
日文版构成/下川良子　记本康子　组头志织　日文版内文设计/臼井敍美　内村恭平

图书在版编目（CIP）数据

惯用脑整理术 /（日）高原真由美著 ; 规划整理塾译. -- 北京 : 台海出版社, 2022.9
ISBN 978-7-5168-3341-4

Ⅰ. ①惯… Ⅱ. ①高… ②规… Ⅲ. ①家庭生活－基本知识 Ⅳ. ①TS976.3

中国版本图书馆CIP数据核字(2022)第120039号

惯用脑整理术

著　　者：[日] 高原真由美　　　译　　者：规划整理塾

出 版 人：蔡　旭
责任编辑：赵旭雯

出版发行：台海出版社
地　　址：北京市东城区景山东街20号　　　邮政编码：100009
电　　话：010－64041652（发行，邮购）
传　　真：010－84045799（总编室）
网　　址：www.taimeng.org.cn/thcbs/default.htm
E－mail：thcbs@126.com

经　　销：全国各地新华书店
印　　刷：昌昊伟业（天津）文化传媒有限公司
本书如有破损、缺页、装订错误，请与本社联系调换

开　　本：787毫米×1092毫米　　1/32
字　　数：128千字　　　印　　张：5.5
版　　次：2022年9月第1版　　　印　　次：2022年9月第1次印刷
书　　号：ISBN 978－7－5168－3341－4

定　　价：45.00元

前　言

“八成的日本人都为整理收纳而烦恼”，这是宜家家居在2009年举办的“收纳问题整理活动”中所使用的宣传语。“商业人士平均每年在找东西上浪费的时间为6周”，这是被称为“美国版日经新闻”《华尔街日报》所报道的，引起了很大的社会反响。

确实如此，不只是日本人，其他国家的人也常因整理收纳而困扰。这点从书店里热销的书也能得到印证。走进书店，与整理相关的各种书籍令人目不暇接。

整理这件看似简单的事，实际上手却不容易。你们是否这样想过？我常常这样想。

现在我成立了培养专业生活整理师的协会，其实我小时候特别不擅长整理，直到现在，我也不喜欢亲自动手做整理。

整理师在美国正式成为一个职业，而在日本，整理师被用来指称“整理思维和空间”的专业人士。

所谓“整理”，技术含量很高，并不是谁都可以做的简单的事情。生活整理师的方法并非一般意义上的通用手法，我们所做的工作是帮助客户解决困扰、减少压力，协助客户打造轻松舒适的生活环境。

最重要的是找到适合自己的整理方法，这才是轻松过上舒适生活的秘诀。我们会向客户推荐本书，帮助客户了解自己的惯用脑型，并找到适合该惯用脑型的方法。当然，只通过本书介绍的四种惯用脑型及方法，不能解决所有问题，但是只要按照书中内容去践行，“复乱率”几乎为零！我并不是妄下断言。

随着生活环境和社会经验的变化，我们的大脑也在日渐发展，所以惯用脑也会发生变化。

实际上，“惯用脑整理术”本身，是生活规划整理的概念和方法中的一部分，也会有觉得不适合自己的人。但对于那些不擅长整理，日日饱受不会整理所带来的困扰而郁郁寡欢的人来说，是轻松一试便卓有成效的方法，不妨来试试看。

另外，本书介绍的方法，是生活整理师在自己家或是在客户家实践过的，是以得到成功验证的众多经验为基础的总结。

“惯用脑整理术”是生活整理师教授给大家让每日生活、工作变轻松的方法，可以帮助不会整理的人顺利完成整理，今天就开始一起体验吧。

日本生活整理协会代表理事 高原真由美

目 录

第二章

不同惯用脑型的整理术

第三章

整理指南

不同惯用脑型、不同场景下的收纳实例

我们将根据惯用脑型和不同区域，分别介绍整理专家、生活整理师们的收纳方法。首先，请翻至第 25 页试着做一下“惯用脑测试”吧！

台面不要放置多余的东西，这样厨房不仅看起来清爽，而且容易打扫。物品大致分类并收纳在各个抽屉里面。

“惯用脑测试”
右手大拇指和右手臂在下

右右脑
（厨房）

会田麻实子的家

推荐整理术：

- 统一款式的收纳工具并排放置
- 使用半透明的收纳工具
- 粗略分类、收纳

刀叉勺放在细长的盒子中。从便利店等地方拿回的一次性筷子，容易被遗忘而越攒越多，所以要把包装袋撕掉再放入，以便随时取用。

碗碟等按种类分别收纳，为了能看到里边的物品，叠放的数量要少。因为就摆在洗碗烘干机的对面，所以几乎不用移动就能完成收纳。

经常要用到的食品放在位于水槽上方随手就能够到的架子上。为了能一眼看清楚，不需要盖盖子。

使用コ型架，将抽屉内部分成上下两层，用于收纳碗盘。コ型架是透明材质的，所以下层的东西也能一目了然。

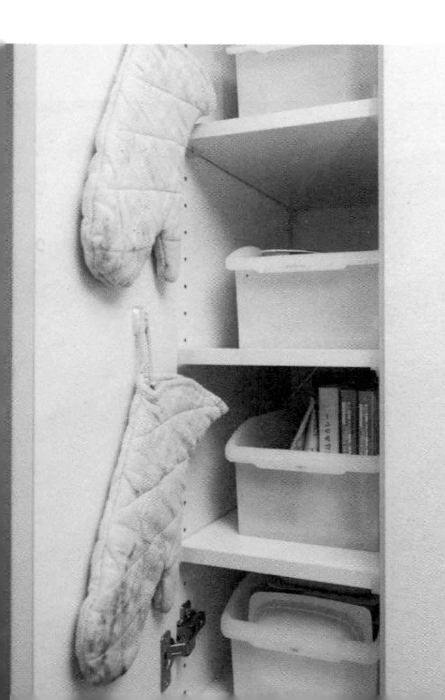

虽说有柜门，仍然选用统一款式的半透明盒子，但要做到“收纳美观两不误”。隔热手套用钩子挂在门背后。

收纳架上的盒子里面分别放着内服药和外用药。因为使用带盖收纳盒，所以一定要贴标签。篮筐里放的是客人用的杯子。

水槽下方的两层抽屉，宽敞的空间里放入大致分类后的各种物品。

标签

标签上字体很小，有点难以辨认，但对于感性的右右脑来说，这样已经足够了。会田女士分辨调料瓶中装的是什么东西的时候，把这个标签当作标记，她看的是标签上词的长度，并不用读取标签上词的“意思”。

抽屉内部设有横向分隔板和纵向分隔板，用来收纳煎锅和其他锅具。除了筷子留了 3 双，其他各类物品经过严格筛选后，都只保留了 1 件。

“惯用脑测试”
右手大拇指和左手臂在下

右左脑
（玄关）

吉川圭子的家

推荐整理术：

- 重视视觉效果
- 常用物品简单收纳
- 定位管理要彻底

鞋柜没有装柜门，而是使用了清新的浅蓝色卷帘。玄关整体给人清爽开阔的印象，拉开卷帘，所有的鞋子一览无遗。

鞋柜右侧的置物架上，收纳了玄关以及外出用品，视线较高处采用了新式的纸质带盖收纳盒，视线齐平处放置的是能看到里面物品内容的镂空收纳盒。

使用频率较低的物品放入纸质带盖收纳箱后置于架子上方。对于那些还在纠结是否要处理掉的物品，可以做一个“犹豫盒”，先暂存在那里。

把孩子们的“户外玩耍用具”放在大筐子里，既能同时收纳各种形状的用品，外出时也能整个直接带走，可谓“一石二鸟”。

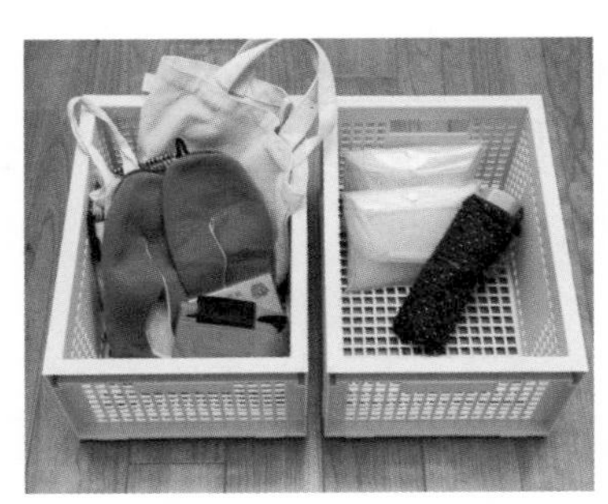

给“学校访问套装（拖鞋、环保袋等）”和雨具准备专用的收纳盒，注意不要放得太满。

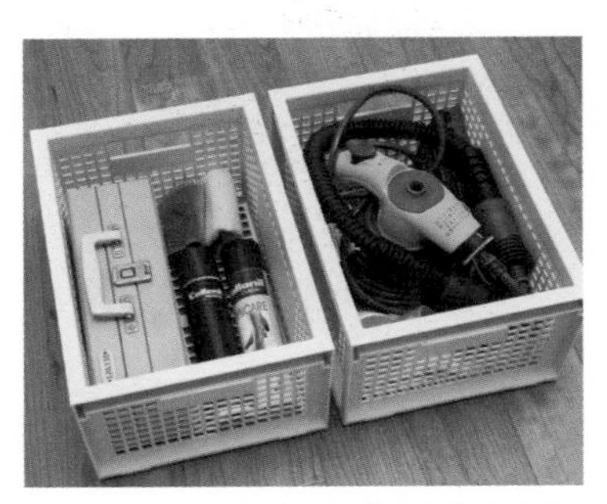

高频使用的蒸汽清洁器和鞋子的保养套装，放在无盖的收纳盒中，方便取用。

从上到下，依次摆放的是丈夫、自己、孩子们的鞋子（最下方是高帮鞋）。因为每个人的摆放位置是固定的，孩子们也不会乱放。

钥匙、印章等小件物品统一放置在一个地方。钥匙可挂在好看的钥匙挂架上，作为室内装饰的一部分。

每双鞋子都单独放入铺有除臭垫的托盘中。因为是抽拉式的，所以取放方便，也不会弄脏鞋柜。

标签

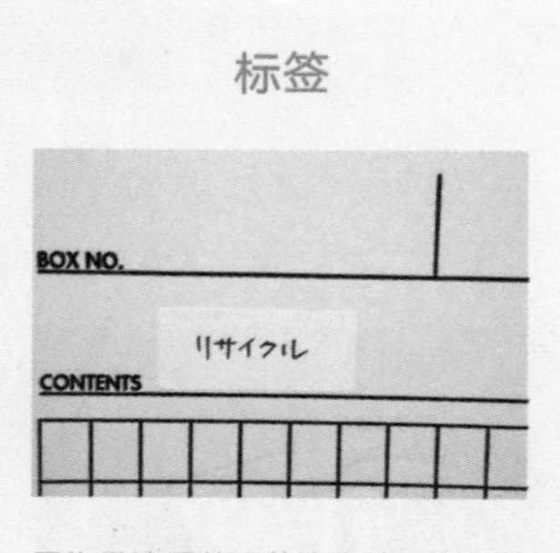

因为是注重外观的右左脑，所以给纸质带盖收纳盒做标签时，尽量采用不起眼的小号字体书写。基本原则是“只要家人能看清就行”。选择那种可以揭下来的贴纸，这样盒子内部的物品替换后，也能方便地替换标签。

“惯用脑测试”
左手大拇指和左手臂在下

左左脑
（卫生间）

山口香央里的家

推荐整理术：
- 比起外观更重视效率
- 细致分类
- 按用途分类

一家四口的打扮和洗漱都在这里完成，这是非常重视功能性的盥洗室。内饰和小物品的颜色，严格限定在白色、大地色、金属色这几种。

为了保证 5 岁的孩子也能够到自己的衣服和毛巾，将其收纳在较低的位置。

贴身衣物换洗盒，从内衣到 T 恤，整套都备齐了，免去了洗澡前拿到浴室的麻烦。直立收纳 & 细致分格，一眼就能看到盒内需要补充的衣物。

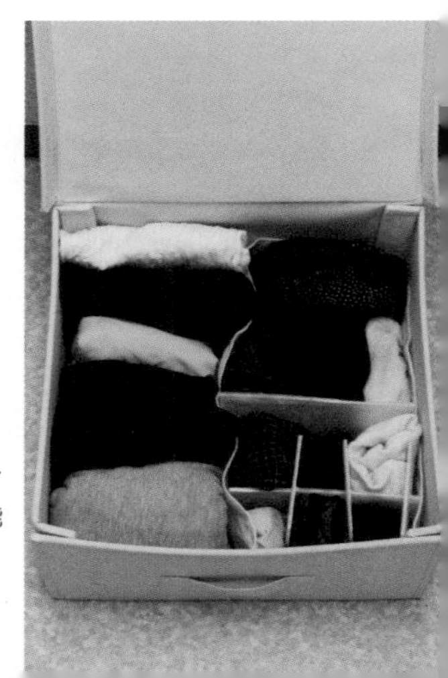

日常要用的物品放在外边、精心打扮时要用到的化妆品则放在里边，分别用不同的小篮子悬挂收纳。重点是能够快速拿取，快速放回。

活用悬挂收纳的方法能充分利用空间。大人用的吹风机和化妆品放在上方，孩子用的杯子挂在下面，因为和使用者的视线齐平，所以用起来很顺手。

孩子的手帕和需要手洗的衣物放置在这个临时收纳筐里。

标签

为保持统一，柔顺剂和洗衣液分装在简洁的容器里，并贴上标签。标签用标签机打印，这样看起来很美观。

洗手台下方放着贴好标签的盒子和抽屉。色彩鲜艳、带大 LOGO 的洗衣液（照片右边），存放在白色的盒子里面。

抽屉里面的分格就更细了，每样首饰和发绳都摆放得井井有条。

琐碎的一次性用品，则用这种半透明的盒子叠加摆放。由于物品按照高度分类，并采取了直立收纳的方法，所以即使数量较多也能一目了然。

“惯用脑测试”
左手大拇指和右手臂在下

左右脑

（衣橱）

川崎真知的家

推荐整理术：

- 左右脑自己的规则
- 决定合理用量
- 喜欢悬挂收纳

为了能看到银色的柜子，整体空间基本使用黑白两色。由于衣架数量是一定（50把）的，所以外套等悬挂衣物的数量不会增加。

体积较大的包包，放入抽屉柜中。采取了直立收纳的方式，所以要用的时候能立刻拿出。

抽屉中做分隔，根据各个空间的大小，分别放入帽子、皮带等小件物品。

把牛仔裤卷起来直立收纳，即使条数多也不会太占地方。

衣服和披肩也是直立收纳，灵活调整叠法和放置朝向，有效利用各种缝隙。

抽屉盒里面，混放着沙发罩、化妆包、衣物等，不用刻意分类，最大化利用空间即可。

不知道放哪儿的长款项链，就挂在门把手上。这样收纳细项链，还能防止它们缠绕在一起。

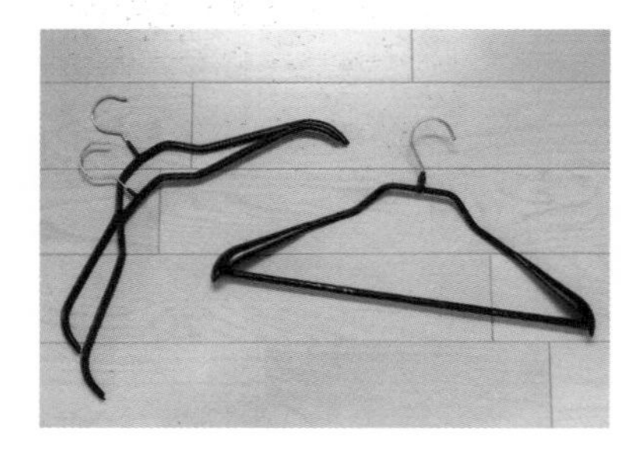

平时要用的包包，挂在门后的挂钩上，方便取用。

标签

重视直觉和心情的左右脑，从标签上就能看出他们的个性，川崎也不例外。标签风格由当日的心情决定。

实践篇

整理置物架

造访整理工作现场，实拍记录。Before → After 惊人的变化。

（生活整理师：川崎真知）

1 拿出所有物品

Before

在生活整理师的协助下，架子上的所有物品都被摆到地板上。整个过程花了不少时间，中途还发现了“失踪已久”的东西，客户发出了“原来它在这里啊”的感叹。

书籍、药品、玩具等众多物品，把柜子塞得满满当当。

因为把所有物品都拿出来了，所以对整体数量有了把握。

START ……> 整理思维 ……> 拿出物品 ………

2 分类

一件件确认，按照“四分法”将物品分类。

物品被分为“文件”“日用品”“其他”“丢弃”四类。堆积如山的文件等纸质材料，最终决定扔掉其中的一半。

彻底清空的架子。看着此时处于清空状态的架子制订收纳计划，决定摆放什么以及摆放方式。

3 丢弃

处理不要的物品，不纠结的诀窍就是快速丢弃。相应的分类在垃圾回收日之前完成比较好。

分类 → 丢弃

4 测量尺寸

用卷尺测量架子的尺寸，这一步是很重要的。深度也需要测量，用以匹配尺寸合适的收纳工具。

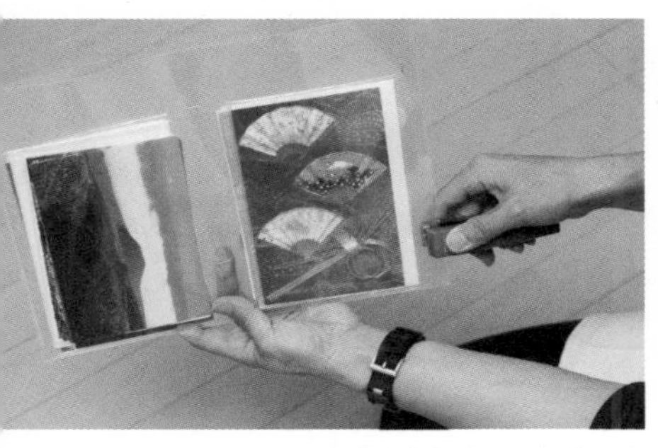

明信片用透明文件夹装起来，可视化。中间和侧面的开口用订书机装订，做成一个小口袋。

5 收纳

把物品放入准备好的收纳用品中。为了方便取用，按照物品类别分类。

这是个药箱。为了能够俯瞰所有物品，采取了直立摆放的方式。余量不多的药品，放在带密封条的透明袋里保存。

测量 → 收纳

After

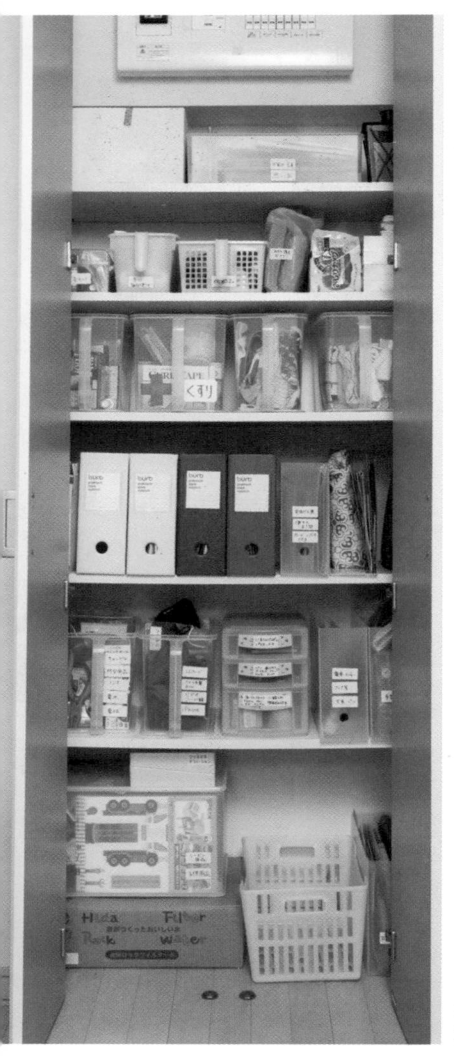

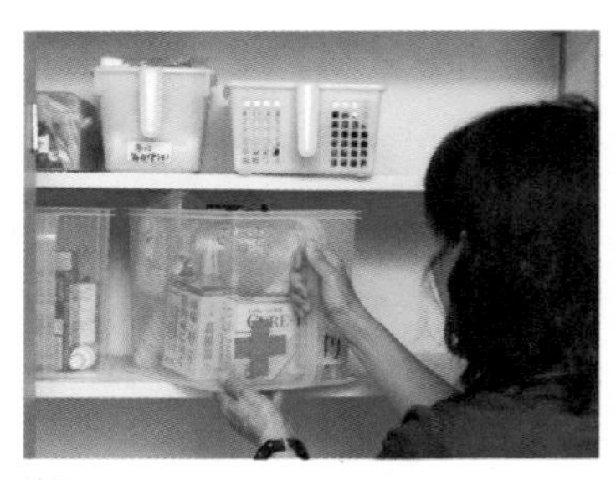

在架子上隔出一个大空间，把收纳盒放回。从上往下数第二层用来放置药品和生活杂物。

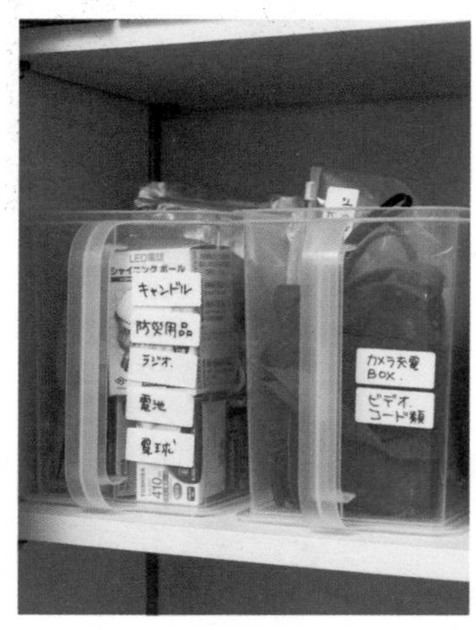

琐碎日用品集中收纳，可以把所有的物品都写在标签上。

全部收纳完成的状态。使用半透明的塑料盒子和文件盒，打造出了清爽并且好用的收纳架。

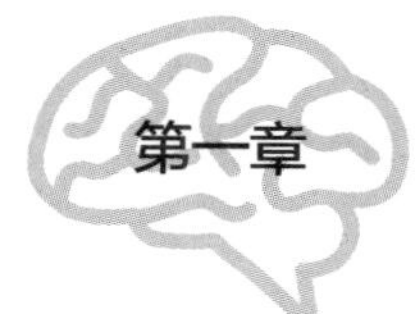

了解惯用脑，就能更加了解自己

什么是生活整理？

20 世纪 80 年代后期，在美国诞生了“规划整理专家”这一整理的职业。“生活整理”就是基于此概念和相关技能，重新进行梳理，面向日本人提出一些“为了营造舒适的生活，不仅仅对物品，包括时间、信息、生活乃至人生都需要整理”的人生整理术。

与过去相比，人们在一生中拥有的物品和信息的总量有了飞跃式的增长。但是，人们在充满物品、被时间追赶，然后被信息淹没的状态下生活，容易在“自己想做什么”等问题里迷失。

因此，生活整理是在整理物品和空间之前，先从“认识自己”开始。整理自己的想法和情感，反复持续问自己“想要过什么样的生活”“想要怎样的人生”“最重要的事是什么”。

在这一过程中，明确自己的理想、价值观以及目标。与此同时，当下必要的事情、想要做的事情也会浮现出来。

通过了解自己的行为模式和习惯，我们更容易营造适合自己的生活方式。因为我们自己是主角，不需要沿用他人的基准和方法，所以能够很轻松地维持。

总之，生活规划是为了接近自己理想的空间和生活，通过深入了解自己，用适合自己的方法而进行的一种思考方式。

“自己的价值观 = 以自己为核心”。如果在这个理念下整理空间和生活，将会更轻松快乐地度过每一天。

右脑、左脑擅长的事情和机能分担

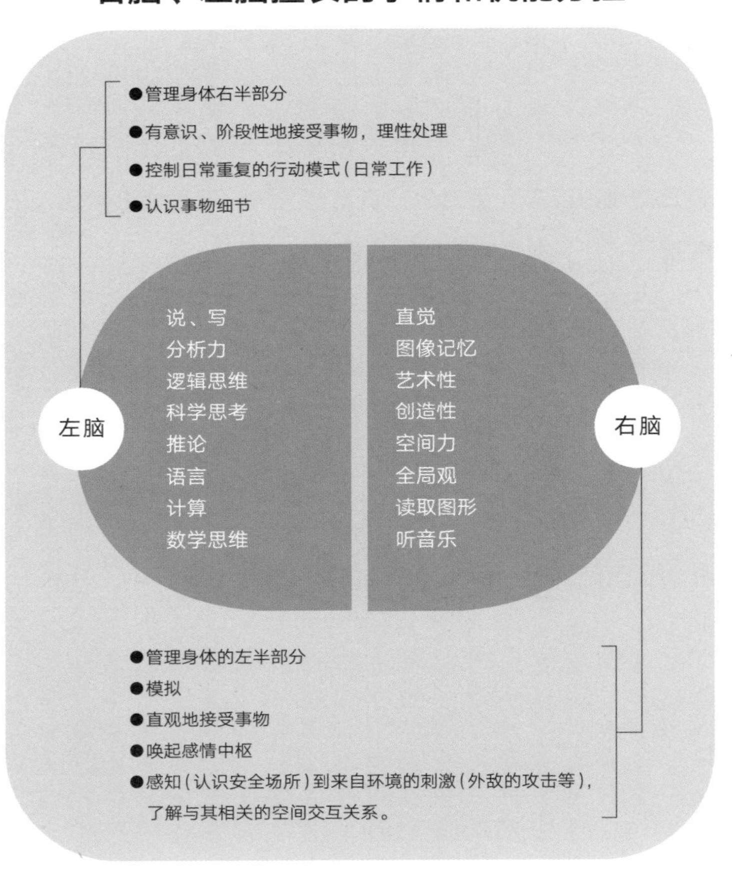

整理时大脑的运转流程

流程

1. 改变现状（整理）的决心
2. 从视觉角度认识散乱的物品，将其进行筛选（选择要与不要）、分类
3. 判断分类后的物品放在哪里（或者说是回到哪里）
4. 没有收纳空间的时候，根据形状、大小及使用频率等确保收纳场所和工具
5. 根据形状、大小及使用频率等放置在合适的场所

测试一下你的惯用脑

生活整理将大脑细分为“输入脑”和“输出脑”。将眼睛、耳朵等接收到的信息传送给大脑，这一过程称为“输入脑”。提取大脑里的信息然后用语言和行动表现出来，称为“输出脑”。“输入脑”很难通过训练改变，而“输出脑”容易受生活环境和工作环境等因素的影响而发生变化。

这两组“输入”“输出”组合起来，就分成了右右脑、右左脑、左左脑、左右脑四种脑型。生活整理是根据不同惯用脑型提出适合的整理方案。

接下来，赶紧来测一下你的惯用脑吧！“输入”时的惯用脑通过手指交叉来测试，“输出”时的惯用脑通过手臂交叉来测试。参考下图，无意识地将手指、手臂交叉，自然地进行确认。

通过手指交叉、手臂交叉确认惯用脑

自然地将手指和手臂交叉。输入为右，输出为左的话，就是“右左脑”。不管是手指还是手臂，主要是看“压在下方的”是哪侧。

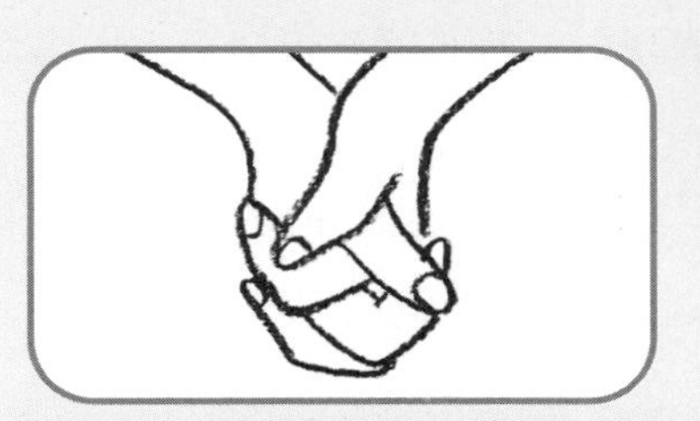

将手指交叉确认拇指位置。如果右手的拇指在下，惯用脑就是“右脑”（如上图）；左手拇指在下的话，就是“左脑”类型。

输入

将所见所闻放进大脑称为“输入”。在整理中，适用于物品的找寻方式。

你是

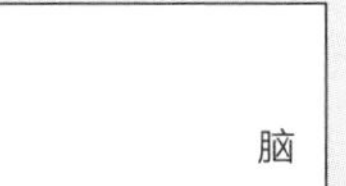

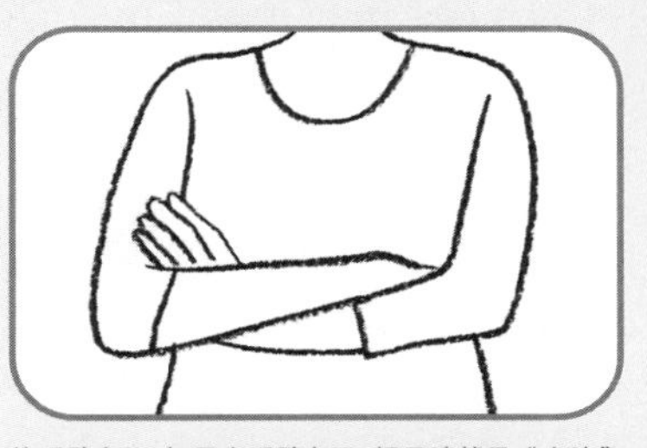

将手臂交叉，如果右手臂在下，惯用脑就是“右脑”。如果是左臂在下，惯用脑就是“左脑”（如上图）。

输出

接收到的信息经过大脑的处理，通过语言和行动表现出来，称为“输出”。在整理中，适用于物品的配置和归位方式。

你是

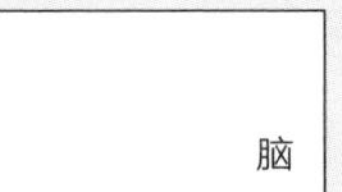

不同惯用脑类型的“基本倾向”见下页

※“基本倾向”是综合常见特征，并非是给“这样的性格”下定论。

手指交叉 右手拇指在下

手臂交叉 右手手臂在下

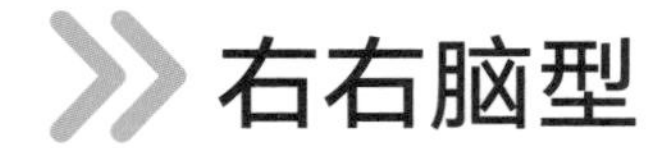

感性、敏锐、丰富的表现力是右右脑型的特长，此种类型的人擅长音乐和绘画等，对时尚流行元素有敏锐的触角，尤其擅长服饰搭配。在社交方面，他们健谈且有趣，作为“气氛担当”，去哪里都很受欢迎，是能够制造出“大家都幸福，自己也会幸福”的明朗气氛的人。

但是，此类型的人容易随波逐流。如果没有干劲的话，就无法持续集中注意力，而继续做不感兴趣的事是很辛苦的。不过，他们擅长灵活变通且构思巧妙，所以可以同时进行两个计划。

他们喜欢购买便捷产品，如果觉得某商品“还不错”就会痛快地买下来。类似冲动消费、买的东西没地方放的情形经常发生，因此要注意。

另外，此类型的人在对待别人时非常细致，但是对自己的事情就粗线条处理。他们的性格大都很豪爽，处理问题时有粗犷的倾向。

基本倾向

- 情绪丰富，富于表现力
- 擅长音乐和绘画等
- 没有兴趣就很难持续
- 容易随波逐流
- 容易左右摇摆

擅长的事情

· 愉快地做事
· 与不认识的人也能成为朋友
· 恢复力强

不擅长的事情

· 按计划行事
· 遵从严谨缜密的管理
· 逻辑讨论

手指交叉 右手拇指在下

手臂交叉 左手手臂在下

右左脑型

兼顾考虑外表和实用性的类型。此类型的人清楚地知道理想中自己的样子，并且为之努力。因此，右左脑的人也被称为“完美主义者”。另外，他们对新产品和限定品没有抵抗力，有着对新鲜事物的好奇心。对没有自信的事情他们就很消极，特别在意别人的目光，有“希望和大家一样”的从众心理。

因为协调性强和坚定自己的信念，所以他们往往是周围人眼中“靠得住的人”，常常被大家当成领导者。另一方面，此类型的人不擅长暴露自己，也有神秘之处。

因为他们万事都要求完美，所以一旦失败，就会失去动力，会出现热情消退后极端的一面。

基本倾向

- ●任何事情都要自己决定的完美主义者
- ●自我演绎能力强，有时尚设计品味
- ●对“最新”“限定”没有抵抗力
- ●出乎意料的顽固
- ●不做没把握的事情

擅长的事情

- ·讲究外表，追求美观
- ·追逐时尚
- ·不怕失败的决断

不擅长的事情

- ·管理库存
- ·将想法通过音乐或者图片进行展示
- ·灵活地采纳别人的意见

手指交叉 左手拇指在下
手臂交叉 左手手臂在下

左左脑型

左左脑型的人认真、踏实、努力，相信“坚持就是力量”。他们善于制订计划并脚踏实地执行，且能细致思考。擅长算数、写笔记，也擅长对文字的使用。相比关注心情和感受，他们更追求合理性与功能性，因此常给周围人一种难以相处的感觉。此类型的人对于金钱的管理很严格，擅长处理家务事等常规工作，因此也是大家眼里的“靠谱且值得信赖”的人。

在时尚方面，他们更注重功能性，喜欢简洁的服装，注重清洁感。相比追求时尚元素，他们更关注产品的质地和规格。

在情绪方面，他们看起来很平稳，实际上很容易受伤，烦恼也不少。这种情况下，他们就会通过运动来转换心情。

基本倾向

- 做任何事情都会考虑风险的慎重派
- 相比结果更注重过程
- 擅长处理数字和算式及文字信息
- 喜欢简洁的外表和简明扼要的内容
- 相比款式，更注重功能性与合理性

擅长的事情

- 预先严谨调查和对比
- 数字处理、数字化、文字信息
- 做合理且可执行的计划

不擅长的事情

- 对于十年后的设想
- 根据直觉给出意见
- 识别丰富的色彩和声音

手指交叉 左手拇指在下

手臂交叉 右手手臂在下

左右脑型

相比外表，左右脑型的人更重视内涵。他们喜欢按照自己的规则和方法采取行动，所以被认定为“天生独特的人”。他们喜欢个性突出的设计和构思，有追求与众不同的倾向。如果自己能接受的话，不会在意别人怎么想。

对于没兴趣的事，左右脑型的人会忘得一干二净，但是对感兴趣的事情,就会广泛收集相关信息,仔细思考后再行动。因此，在周围人眼里他们被看成是“爱拖延的人”。但对于自己中意的想法会马上付诸行动，可能自己也不太清楚启动执行的契机到底是什么。

此类型的人善于理性思考却凭感觉行动，即使失败也能很快从失败中走出来，恢复力极强，容易给人留下坚忍不拔的印象。

基本倾向

- 想法和行动不一致
- 有自己的规则
- 相比外表更注重内涵
- 容易陷入被害妄想
- 恢复力强

擅长的事情

· 信息收集和知识的填充
· 仔细考虑细节
· 按自己的方式定制

不擅长的事情

· 很难将想法付诸行动
· 迎合他人、接受常规方法
· 按常见套路去思考问题

确认后天脑型

惯用脑并非从出生之后就一成不变。在周围环境和训练的影响下，会出现后天的变化。例如，输入和输出都是右脑的右右脑型，如果从事会计或调查研究的工作，长期同数字或计算公式打交道，行为模式也会偏左脑。这就是职业训练等因素对大脑和行为习惯所产生的后天影响。根据职业和家庭环境不同的影响，后天形成的行为模式及惯用脑，在第 36 页的“行为特征检查表”中分为两种类型。在实际行动中，通过“手指、手臂交叉”了解到的先天特性占 30%；而在“行为特征检查”中，我们了解到后天因素对我们的行为特征产生了巨大影响，后天因素占 70% 的比重。因此，如果“手指、手臂交叉”和“行为特征检查表”中测出的惯用脑型有差异时，要优先考虑“行为特征检查表”中测出的脑型结果。如例子中讲到的从事会计职业的右右脑型的人，参考左脑的整理方法进行整理会更顺利。

先天的脑型有四种，而后天的脑型为两种。该如何考虑才好呢?

通常情况下，大脑是可以通过后天训练而发生改变的，但也有难以通过训练而改变的地方，输入脑就是其中之一。与其相反的是输出脑，比较容易通过训练而产生变化。当“行为特征检查表”的结果和惯用脑类型测试结果不一样时，用行为特征测试结果替换惯用脑型，得出的方法更能顺利执行。

无论如何，不要受限于“因为是自己的这种脑型”，也可以尝试一下“行为特征检查表”中对应的脑型收纳方法。毕竟我们的右脑和左脑每天都在不停地被锻炼着。

行为特征检查表 两项都需确认，根据合计数进行判断

右脑型特征

- □ 喜欢一气呵成地做事
- □ 做事经常会拖延
- □ 不擅长排列优先顺序
- □ 有“车到山前必有路”的想法
- □ 喜欢灵活机动性
- □ 喜欢集思广益、各抒己见的集体思考方法（集体创造新主意）
- □ 把物品摆放在自己的可视范围内
- □ 能同时做几件事情
- □ 不擅长预估工作需要花费的时间
- □ 不擅长处理文件
- □ 读书时会跳跃章节
- □ 购物时不根据购物清单购买，在店里随便逛，任意买
- □ 不擅长分类归档
- □ 工作时和他人一起更容易完成
- □ 不愿看操作指南而喜欢自己研究
- □ 经常不按时赴约
- □ 不喜欢每天重复同样的工作

匹配项的总计数

比“左脑”多3个以上选项者，行为特征为右脑倾向

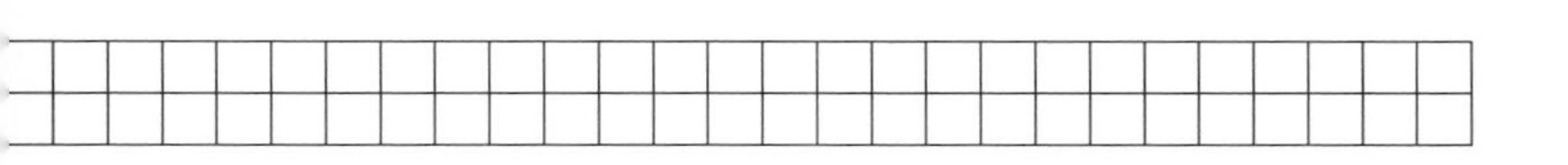

左脑型特征

- ☐ 不觉得埋头苦干是痛苦的事
- ☐ 喜欢提前做计划、按计划执行
- ☐ 擅长给计划优先排序
- ☐ 无论什么事都要事先制订计划
- ☐ 喜欢“结构化”“格式化”
- ☐ 完成项目后无比喜悦
- ☐ 总会物归原位
- ☐ 一次只能做一件事
- ☐ 非常容易做计划
- ☐ 喜欢处理文件
- ☐ 按着顺序读书，不会跳页读
- ☐ 购物时写好清单，只采购清单上的物品
- ☐ 擅长归档
- ☐ 擅长独自工作
- ☐ 依照说明书操作
- ☐ 约会从不迟到
- ☐ 喜欢常规工作

匹配项的总计数

比“右脑”多3个以上选项者，行为特征为左脑倾向

※ 行为特征检查表的差在 1~2 个，基本没有差别的人，可以判断为右脑与左脑的平衡非常好。也可以说是“两撇子”。这种情况下，回到“手指交叉、手臂交叉”的结果来考虑比较好。

不同成长环境和相反的惯用脑

我的惯用脑是“右左脑型”。我先生的惯用脑完全相反，他是“左右脑型”。我高中毕业后就开始了一个人的生活。之后，经历过几次搬家，对物品放手比较容易。虽然我很讲究住宅的室内装饰，但我是个非常喜欢工作的人，兴趣爱好也很少，所以拥有物品的种类也不多。而我先生，在结婚之前没有离开过家，结婚后也住在父母家的隔壁，没有经历过强制处理物品的情况。而且，对于住宅的要求，认为房子可以住就行，他个人还有很多其他的兴趣，因此他拥有的物品种类非常多。

作为成长环境完全不同、惯用脑又完全相反的夫妇，从结婚开始，就常常为家里的整理争吵不已。孩子出生后，虽然想着“必须要做些什么”，但我忙于工作和育儿，结果整理的事就这样搁置了。

转机发生在我遇到生活整理师这一职业后。我明白了“自己与他人的价值观不同”是正常的，正因如此，了解自己才是最重要的事。

当我知道我先生的惯用脑与我的完全相反时，我清楚地记得一直以来对先生的不满一下子就消除了。我切实感受到“对方与自己不同”，仅仅接受这些不同，生活就有了相当大的变化。

因为了解了惯用脑完全相反，对应方法也各异，生活就有了很大改变。当然，现在偶尔也会有烦躁的时候。虽然还在不断摸索中，但我找到了应对不擅长收拾的先生和女儿的整理方法，能够更自在舒服地生活。

第二章

不同惯用脑型的整理术

为什么不会整理？

提问：『你为什么不会整理呢？』或许是因为没有时间、收纳空间太少等。但也有可能和你无意识的行动习惯有密切关联。请回顾接下来的检查测试中的行动。

检查测试

请确认所有的行动

Test1

- ☐ 童年与祖父母同居（现在也是）
- ☐ 换掉的几部旧手机依然保留着
- ☐ 保存着电影和音乐会的票根
- ☐ 不合尺寸的衣服“长眠”在衣橱里
- ☐ 一次性筷子和勺子堆积如山
- ☐ 储存着大量的包装纸和袋子（特别是名牌商品的袋子）
- ☐ 依然保存着20世纪的电话本

Test2

- ☐ 把沙发和餐椅当作挂衣架
- ☐ 经常忘记关电视和电灯
- ☐ 读了一半的书和杂志放在桌上或地板上
- ☐ 常因随手放手机或其他东西而到处寻找
- ☐ 旅行归来用过的背包随意摆放
- ☐ 虫子咬坏不能再穿的毛衣不止一件
- ☐ 常常从洗好没有收的衣服堆里拽衣服穿

Test3

- ☐ 小件物品没有固定位置，就全放在抽屉里
- ☐ 如果收纳空间有空隙，就会想塞进物品
- ☐ 壁橱和橱柜里东西太多，门很难打开
- ☐ 衣橱里叠放的衣服过多导致衣服上出现褶皱
- ☐ 不拘小节

Test4

- ☐ 遇到降价、打折就会囤积纸巾等
- ☐ 非常喜欢逛“百元店”
- ☐ 冲动购物可以缓解压力
- ☐ 如果被店员推荐的话，会购买计划外的物品
- ☐ 会收下别人白送的物品
- ☐ 喜欢新产品的试用装、赠品等
- ☐ 每年购买福袋

Test5

- ☐ 洗碗池里有很多尚未清洗的餐具
- ☐ 买了有关收纳的书却从没实践过
- ☐ 不擅长手工制作
- ☐ 曾被人说容易放弃
- ☐ 觉得“在家里闲着”是最幸福的时刻
- ☐ 没想过什么是高效的收纳
- ☐ 现在（或曾经）有过期1年以上的调味料

测试结果中勾选项目较多的那栏，可能就是你无法整理的原因

Test1 执着恋旧型

与其说是不擅长整理，不如说是东西太多，不知从何下手。对于物品总是想着“扔掉太浪费”“也许什么时候会用”，诸如此类的想法使你对物品越来越难放手，你容易囤积物品。以“正在使用或不使用”为基准，先学会放手。

Test2 姑且放置型

导致乱的原因是否是你常想着“把用完的物品放着不管”“先将就一下”“吃完饭的餐具先放着”“一会儿再说”？只要把“一会儿再说”变成“立刻行动”，生活就会有戏剧性的改变。

Test3 假洁癖型

你的特征是整理意识高，房间看上去也很干净整洁，但抽屉或柜子里却乱糟糟的。没有进行深入思考，只是把东西塞到看不见的地方而已。你适合方便取用的收纳方法，展示性的收纳也是不错的选择。

Test4 喜爱购物型

对“打折”“限定”等诱惑无抵抗力，因购买物品、收赠品等导致家中物品增多。很多时候冲动购物，认为“不拥有就是损失”。要有意识地判断和把握适合自己的物品和数量。

Test5 轻松随意型

虽然憧憬着漂亮的室内装饰，却把“好麻烦啊”挂在嘴边。即使房间乱得难以下脚也能忍受。选择类似“只需放进去就可以”的简易收纳法，使用摆在外面看上去很美观的产品。

※ 各测试的检查项目都平均多的人，属于“综合放任杂乱型”人。因为导致混乱的原因不止一个，所以不知从何入手进行整理。首先，要处理不需要的物品，好好考虑自己的优先排序。如果能找到适合自己的收纳方法，生活会变得更加舒适。

生活整理的步骤

了解了自己的惯用脑和家居混乱的原因后，你可能想要马上开始进行整理。

但是，在正式进行整理前，你要先明确自己的“价值观”和“理想”。例如，“什么是重要的”“想要过怎样的生活”“想要成为怎样的自己”。这样做的话，你才能明确对自己来说是舒适的生活，朝着这个目标调整生活和空间。参考从第 44 页开始的“生活整理练习表”，请先考虑一下你的“价值观”和“理想”。

如果明确了自己的“价值观”，后续的整理就会很顺畅。让我们以减少、整理、维持这三个步骤来整理与生活息息相关的“物品”“信息”“时间”吧！接下来，请具体参考以下步骤。

生活整理的方法和步骤

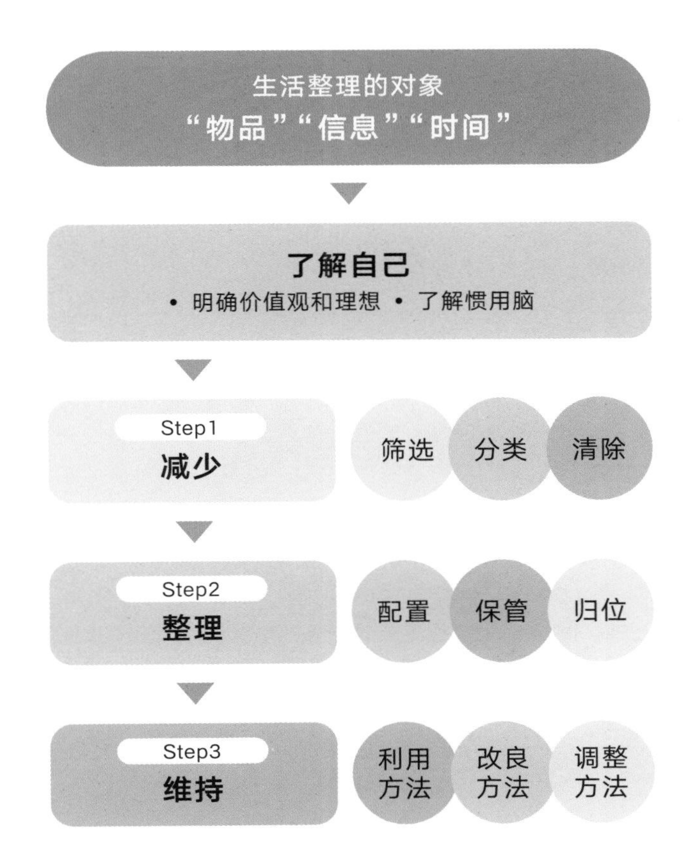

生活整理的对象
“物品”“信息”“时间”
了解自己
• 明确价值观和理想 • 了解惯用脑
Step1
减少
筛选
分类
清除
Step2
整理
配置
保管
归位
Step3
维持
利用方法
改良方法
调整方法

生活整理练习表

也可以试着在笔记本上写出问题的答案

1. 期待过怎样的生活？想到什么就写下来。

（价值观明确化 其1）

[ ]

如果能实现，想要什么时候实现呢？

[ ]

2. 现在觉得重要的事情是什么？试着列举几个想到的关键词吧。

（价值观明确化 其2）

如：育儿、夫妻关系、金钱、自己的时间、家人、自我实现、工作、时间、学习、朋友、时髦、年轻、趣味、健康、日常生活、共同体、自我管理、孩子、成功等。

[ ]

在上述关键词中选择认为最重要的5个，按顺序填写，并写出选择的理由。

① [理由：]

② [理由：]

③ [理由：]

④ [理由：]

⑤ [理由：]

3. 理想的生活与现状之间有什么差距？只要有就写出来吧。（现状把握）

※ 拍摄一下自己家现在的照片吧。认识理想与现状之间的差距。

4. 最想要改变的地方（场所）是什么？（目标设定）

5. 为了实现目标，请列举出今天（或者1周以内）能做的事情。（行动计划）

什么时候开始？什么时候能完成？

如果可以实现，会有怎样的心情？

Step1 减少 筛选、分类、清除

当物品的量和收纳空间不匹配时，要从减少物品开始第一步。虽说是减少，但并不是单纯地“扔东西”，而是从分类的角度入手，从自己所拥有的物品中选出重要的东西，要抱有这样的心情来整理。

首先将物品全部取出，把握整体的量，一一进行筛选、分类。这种有效的分类法被称为“四T象限分类法”。如果一上来就对物品进行“要与不要”的选择，是非常困难的。建议以自己的感情和功能为

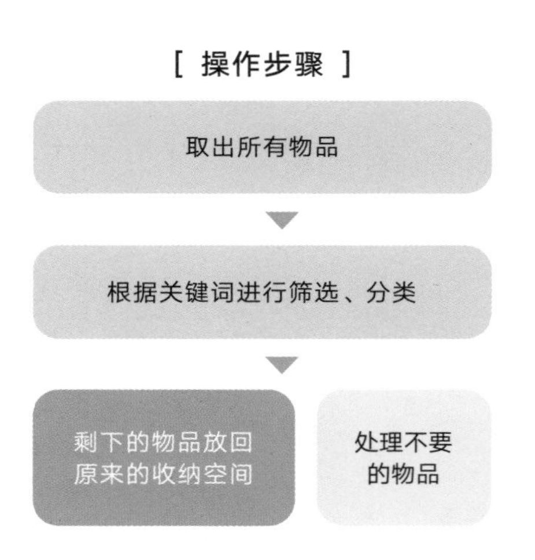

轴，将物品分成四类进行筛选，在这里，借助在前一章测试的脑型，根据用途和使用频率、喜欢或不喜欢等作为筛选依据，可以有效地减少物品，同时也不会产生后悔或对处理的物品无法释怀的情绪。实际进行整理的时候，用胶带等将地板分为 4 块区域，作为 4 个象限，提前准备好箱子和布来辅助进行。

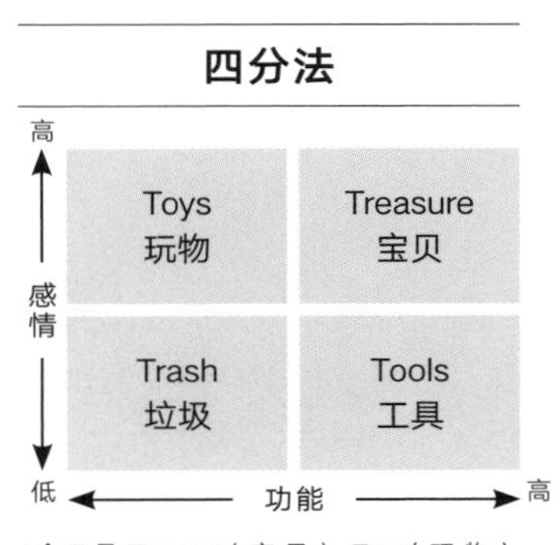

4个 T 是 Treasure（宝贝）、Toys（玩物）、Trash（垃圾）、Tools（工具）的首字母

不同惯用脑型的关键词

- 比起道理更重视感觉的右右脑型，建议用“喜欢或不喜欢”这种表达情感的关键词为轴
- 追求完美的右左脑型，建议将使用频率和其他关键词组合起来
- 擅长理性思考的左左脑型，建议以时间轴、使用频率作为关键词
- 重视自我规则的左右脑型，建议用自己容易理解的原创关键词

最后，进行“清除”。决定放手的东西，可以转让、捐献、舍弃等，选用适当的方法来处理。

Step2 整理 配置、保管、归位

减少的步骤完成之后，接下来就是“整理”。生活整理的手法，是将“减少”和“整理”分开来的。我们通常将两者混为一谈，这给整理增加了很多阻力，使其无法顺利进行。

首先，要考虑“配置”的问题，通过思考将物品放在什么位置和如何摆放更便于使用和整理，再决定物品的摆放位置。不被“衣服要放在衣橱”这样的常规做法所束缚，尝试

[具体的操作步骤]

实测
测量时不要逃避『犄角旮旯』

▶ 分区
决定在哪里放什么，大致的地方

▶ 探讨收纳方法
挂、隐藏等

▶ 收纳用品的选定
选择收纳用品

▶ 配置
实际放置看看

▶ 把东西收起来（收纳）
收纳适当的量

将物品放在它经常被使用的地方吧。例如，如果在玄关换衣服的话，可以在玄关放个收纳筐放置换下来的衣服。决定好放置场所（定位置），选择收纳方法和收纳用品，对物品进行收纳。

另外，平时不使用的季节物品和存货等，与经常使用的物品分开，放在可长期保管的地方。对有损坏或污渍的物品进行修理、保养等之后，放回原来的位置，简称“恢复”。

参考下面的要点，轻松地进行工作吧！

“整理”得以顺利进行的要点

- 把握物品及收纳空间的尺寸
- 参考基准量（参照第156页）自己决定适当量
- 根据使用场所、频率、重量等，选择适合使用的收纳方法
- 把同样的物品集中起来
- 建议购买常规收纳用品以便日后添置
- 尽量避免使用复杂、难取放的收纳用品

Step3 维持 利用方法、改良方法、调整方法

实际上，整个步骤中最重要的环节就是“维持”。整理是一生都要持续做的事情，所以打造一个容易维持的环境，将整理变成习惯化的工作吧。当然，偶尔乱了也没关系，30分钟就能恢复原状也是可以接受的。

当整理好的房间经常变乱，想恢复原状却不顺利时，请思考一下问题到底出在哪里？是不是现在这个方法不适合自己？很少有人一次就能找到完全适合自己的方案。怎样使用才能更舒适（使用方法）、怎么改进才更好用（改良方法）、整洁状态被打破时如何恢复（修正方法），请记住以上三点，找出适合自己的方法。

另外，为了更好地维持，需要有思考和行动的时间。时间的使用方法与整理同理，重新审视如何使用时间并合理安排。

不同惯用脑型的整理术

以前面介绍的基本操作为基础，将符合各个惯用脑型的整理方法，按照家中的厨房、客厅、衣橱、洗手台等场所分别进行了总结。上班的时候也可以尝试对办公桌和电脑进行收纳整理。另外，除了整理方法之外，文末也介绍了怎样制作描绘自己未来的方法，以及使用日程表来管理日常生活的技巧。

当然，并不是说书中介绍的就是唯一正确的方法。如果觉得用起来不方便的话，不妨尝试一下与其他惯用脑型对应的整理方法。

不同惯用脑型的整理方法分别如下：

右右脑
右右脑型的整理术
052~075 页

右左脑
右左脑型的整理术
076~099 页

左左脑
左左脑型的整理术
100~123 页

左右脑
左右脑型的整理术
124~147 页

右右脑型的整理术

右右脑型的人，输入信息和输出信息都优先使用右脑，他们习惯从视觉上捕捉事物，并且靠直觉来行动。

在整理的过程中，如果哪个地方是空着的，他们就会想办法把东西放过去。例如，办公桌上的文件和书堆成山，乍一看，什么地方放着什么东西，其他人根本找不到。但是右右脑本人却心中有数，知道“那个东西在右上角的那堆里面偏上方的位置”，能够立刻找到需要的文件。

标志性特点是文件上有各种颜色的标记和大量便利贴。看似杂乱无章，但右右脑型人可以直观地记住并按照自己的方式整理。

右右脑型人有很强的位置辨认能力，在要拿东西的时候，能够记得“在那个位置”，但是另一方面，在日常生活中，他们不擅长把用完的东西放回原来的地方。另外，虽然能够对事物进行大致归类，但是对具体细节的分类就会觉得很麻烦。

此类型的人，不太适合一般整理书籍中介绍的常规方法。如果模仿书中的方法来做，结果也会不尽如人意，或者隔一段时间又会复乱，很多人有这样的经历。从失败的经历来看，大多数都是三分钟热度过后难以维持，但这绝不是说右右脑型的人没有整理收纳的意愿。他们具有极好的审美意识，并且直觉能够引导他们把事物整理得井井有条。

迄今为止的整理方法之所以效果不好，只是因为不适合，如果按照适合的方法和节奏来进行整理的话，完全可以实现一种理想的生活状态。

适合右右脑型的整理方法

对于右右脑型的人，只要觉得好，就会立刻去做，但是另一方面，他们也非常怕麻烦。推荐采用方便取放的“一步到位收纳法”。比起按部就班的整理方式，随意、方便一些的收纳方式更加适合他们。

要以“和生活动线相契合”的原则来决定收纳场所，这一点很重要。例如，如果回家后习惯直接去客厅的话，挂外套的地方就要设置在玄关和客厅之间的走廊中。

但是，右右脑型的人也会在意外观，对于展现在外面的物品，建议选择样式美观的收纳工具。

因为右右脑型的人本身是不喜欢日常整理归纳的类型，因此推荐他们在整理的过程中增加趣味性，以保持对收纳整理的兴趣。例如：使用计时器来给整理工作规定时间，时间一到就要立刻停止。

收纳用品的选择方法

收纳用品推荐使用盒子、箱子、挂钩、吊钩，以及能看到里面的文件盒之类的物品。

收纳盒也推荐使用能稍微看到里面的半透明类型，因为经常会在不经意间把盒子塞满，所以能同时看到盒子的容量和内部会更安心。而且半透明的盒子就算成排摆放，也显得干净整洁，重视外观的右右脑型的人更加容易接受。

(!) 右右脑型有效收纳的关键词

- 一步到位收纳，只需要挂起来或者放进去即可
- 保持物品在使用范围内的最短距离
- 选择中意的收纳盒，存放摆在外面的东西
- 使用计时器来规定收纳时间，使其更有趣味性
- 使用半透明材质，可以看到内部的收纳工具

厨房

右右脑型擅长把握整体，实际上很多右右脑型的人都会觉得整理厨房没什么压力。这可能是因为厨房相比较其他的地方更加紧凑，大部分东西随手就能拿到。什么东西在什么地方，都能大致把握。

另外，整理的目标就是让看得见的地方变得整洁。食品→调味品→餐具等，按照从小到大、从少到多的顺序来完成减少物品的步骤会更加有动力。

适合右右脑型的厨房的整理分类建议

设计喜欢	功能喜欢
说不上为什么就是喜欢	除此之外

区分对事物的“喜好”

推荐厨房用品仅保留使用频率高且喜欢用的工具。

感性的右右脑型人，如果按照喜欢或讨厌来分的话会太过极端，为此而烦恼的话可以尝试单纯按照是否喜欢来区分。“除此之外”都是不及格，可以考虑丢弃或者废物利用。

首先区分不要的东西和需要的东西，制作“4T 象限”。右右脑型倾向以自己的情感为轴向来进行分类。把厨具、食品、调味料、收纳盒、餐具分别放入对应的象限。

分类之后不需要再更加细致地整理，将其大致放到架子上或抽屉里就可以了。食品可以都放进同一个袋子里，放在架子上使用标签记录里面有什么东西，也可使用颜色区分，让家人都能一目了然。对于右右脑型的人来说，不方便拿出来就宁可不用，所以请注意只保留适度的量即可。

如果要购买收纳家具的话，最好使用开放式货架或者抽屉多的家具。推荐“只需要放在架子上”或者“只需要拉开抽屉”就可以使用的类型。建议抽屉选择浅一些的，这样拉开就能立刻知道里面有什么。容器选择半透明的，里面有什么一看就知道。因为右右脑型的人注重外观，形状和颜色也需要统一，这样看起来更整洁。

厨房是容易沾染污渍的地方。如果台面上东西很多，右右脑型的人往往会选择跳过清洁环节。所以放在台面上的东西要尽可能少，这样方便移动，容易打扫。

例如：经常使用的调味料整理到一个托盘里，在擦拭或者清扫的时候可以一起移动。

重点：厨具、锅类、纸类归纳收在使用场所的附近。如果抱着“反正也没地方放了就随便放在这里吧”这样的想法随意摆放的话，可能下次要用的时候就找不到了。右右脑型的人怕麻烦，没有固定位置的东西可能就会随手乱放，要注意这一点。

摆放在台面上的咖啡机等，选择喜欢的样式。在感官刺激下，自然而然就会去整理或者打扫。

厨房收纳用品推荐

聚丙烯制收纳盒

推荐右右脑型的人使用半透明用品。放了什么东西，都能大致看到，就算成排摆放找起来也不会麻烦。使用比较深的架子的话，带把手会比较方便。

厨房的整理要点

- 以“大致收纳”为基调
- 便于使用的开放式货架或抽屉
- 分类归纳，便于移动和打扫
- 厨具等收纳在使用场所附近
- 放在台面上的东西选择款式美观的

客厅、餐厅

右右脑型的人如果看到有空余的地方，就想要在里面堆满东西。报纸、杂志、邮件、零食等物品持续增加，客厅或餐厅变得很杂乱。就算自己知道什么东西在哪儿，家人把东西拿到其他地方了就会找不到，再找起来也非常麻烦。解决方法是：设计固定摆放位置，养成用完东西放回原处的习惯。当然，这个习惯需要全家人来遵守。

适合右右脑型的客厅、餐厅的整理分类建议

必需品	喜爱的物品
移动到其他场所	不要的东西

按照“使用场所”区分

客厅存放的东西较多，必须按照“物品是否是在客厅使用”来判断。即使其他房间有固定放物品的空间，也要再次确认使用场所，将物品移到常用的地方。如果东西多的话，尝试按照收纳场所来区分，可以考虑将喜爱的物品当作装饰品来展示。

因此，客厅、餐厅的三个收纳关键词是：“每个人都能找到的物品分区”“只需放入即可的轻松收纳”“使用标签标记”。

首先，用家人都能认同的常用词进行大致分类：“电视周围”“文具”“家庭书籍”“药品”等。然后，将文具和药品等物品按照“经常使用”和“不常使用”来区分收纳。

在零碎物品很多的地方，建议使用抽屉多的柜子，不需要在抽屉中再去细分隔断，只要一眼就能看到想要的东西，注意尽可能让放入的量不要过多。

如果把零碎物品收纳到架子上，可以利用适合架子尺寸的收纳盒。选择收纳盒时，尽量选择同款以保持视觉上的统一感。如果使用相同收纳盒无法辨别里面的物品，可以通过在收纳盒上贴标签来解决。

客厅中的物品流动性很高。随着季节更替或者孩子的成长，收纳盒内的东西也会有变化。右右脑型的人擅长通过视觉来获取信息，如果不在获取信息的当下立刻用标签记录的话，以后很有可能会搞混。使用可擦圆珠笔或者铅笔在美纹胶带上做标记，以便随时进行修改，也可以将所存放物品的照片放入密封袋内作为“照片标签”，贴在盒子上。

如果不愿意将物品放在架子上或者柜子里，也可以采用美观、实用的收纳筐或收纳盒。右右脑型的人重视外观，因此要选用美观性强的收纳用品，维持空间的美感也有助于提高整理收纳的热情。

另外，右右脑型的人经常在用完东西后不能立刻物归原位，这时就需要准备一个“临时保管箱”来存放这些暂时不会收纳到固定位置的物品。同时，可以定下规矩，等“临时保管箱”满了，再收拾整理。当来客人的时候也方便移动，把箱子先“藏起来”，不影响客厅整体的美观。

右右脑型的人有一个习惯，如果某个收纳场所拿取东西不方便的话，就不会再用这个地方了，就算把东西放进去也会忘记。

例如：有两个盒子，但是盒子的盖子上面放了衣服，那这个收纳空间就等于没有了。

所以，建议右右脑型的人进行“一步到位式的收纳”。

❗ 客厅、餐厅的整理要点

- 使用可以方便地从架子上取出的盒子或者篮子
- 使用自己喜欢的标签来标记收纳盒内的物品
- 准备“临时保管箱”
- 有时需要把东西“藏起来”
- 收纳必须一步到位

衣橱

右右脑型的人喜欢粗犷的收纳方法，把衣服都挂在衣橱里对他们来说是个不错的选择。衣橱里只要大体上能区分出平时穿的衣服、正式的服装。

请记住，只用衣橱里悬挂空间的 80% 收纳衣服，留出 20% 的余地。要注意的是，如果衣橱里挂得太满，右右脑型的人会因为不好挂而中途放弃，并寻找其他地方去挂衣服。

适合右右脑型的衣橱的整理分类建议

有感情，放不下的衣服	喜欢的衣服
正式场合或其他特定用途的衣服	其他

先大致区分

右右脑型的人以心情为导向，有时候只会穿自己喜欢的衣服。不喜欢但是准备穿的衣服一般会降级为居家服。因此不一定要扔掉“心动之外”的物品。另外，右右脑型的人会一时兴起买衣服，所以不要忘记定期检查衣橱。

如果觉得衣物要全部叠好很麻烦，将衣物卷起来也是可以的。内衣和袜子只需要放在收纳筐里就可以，找到自己觉得轻松方便的方法即可。

对于项链这样的装饰品，不要把它收起来。如果右右脑型的人看不到的话，很可能就会忘记它的存在。只要把这些东西挂在平常容易看到的地方即可。如果要放入箱子里面保管的话，请一定要贴上标签或者照片。

右右脑类型的人不喜欢找东西，搭配衣服的时候也要做到一目了然。最好是有一个能装下一年四季所有衣服的步入式衣橱，如果是一般大小的衣橱，就必须要进行换季收纳。换个大衣橱可以省去换季收纳的麻烦。例如：在比较深的抽屉里放入衣物时，在里面和外面分别放上不同季节的衣服，这样只需要对衣服摆放位置的前后进行调整就可以完成收纳。

右右脑型的人属于只要确定好物品摆放位置，就能完成整理的人。准备一些收纳筐或挂钩，就能防止他们到处扔衣服。例如，在房间设置放换下衣服的地方，方便挂那些还不用洗的衣服。尝试在衣橱中设置一个“暂存处”吧，准备一个收纳盒或者筐，放在衣橱里面或衣橱旁边。

另外，如果衣橱空间足够的话，可设置上下两段挂衣杆，上段挂夹克衫，下段挂裤子或打底衫。这样挂着的状态刚好便于上衣和下装的组合，右右脑型的人更适合这样分类明确的衣橱。也可以按照“颜色”“喜欢的衣服的顺序”等来决定排列方式。

不要觉得自己是在整理，而是在为自己打造一个喜欢的空间。

衣橱收纳用品推荐

衣橱延伸支架

在衣橱的挂杆上通过挂皮带追加一层挂杆，延伸出下部挂衣的收纳空间。不仅能给空间扩容，提高收纳效率，还能同时看到上下两部分的衣服，便于分类。

衣橱的整理要点

- 尽量使用挂、卷的收纳方式
- 不要挂得太满，尽量只用八成的空间
- 在衣橱中设置临时存放处
- 在衣橱中设置分类，但是务必一目了然
- 以“打造喜欢的空间”的思维方式来行动

洗手间

洗手间的空间比较小，但是要收纳洗涤用品、牙刷、肥皂、毛巾、化妆品等各种东西。右右脑型的人一定要先区分好摆在台面上的东西和需要隐藏起来的东西，再进行收纳。

每天都要用的东西放在好看的、拿取方便的容器里收纳。备用品和不怎么用的东西，做好分类后用盒子或者箱子放起来收进柜子里。使用相同的收纳用品，这样看起来更加整洁。隐藏起来的东西，不需要再对每个东西进行分类。右右脑型的人也可以按照声音来分类，例如，止汗剂、玻璃水、发胶等，用的时候会发出“噗噗”的声音。

右右脑型的人可以试着改变一下收纳用品的摆放方式。如果收纳盒比较深，很难把里面的东西拿出来的话，可以横过来摆，开口朝向外侧，这样里面的东西更容易拿出来。

收纳常年摆在台面上的物品时，如果不喜欢大瓶的洗洁剂和瓶子上浮夸的标签，可以选用自己喜欢的瓶子进行替换，或把原装瓶子上的标签撕掉。

给替换瓶洗洁剂贴自己制作的标签时，使用图标或者首字母，这样右右脑型的人也容易分辨。

设置一个固定位置，用于放置暂存脱下来的衣服和饰品。

洗手间的整理要点

- 区分摆在台面上的东西和需要隐藏起来的东西
- 收纳每天都用的物品时采用无盖收纳盒
- 隐藏起来的东西使用相同的收纳用具，营造统一感
- 可以尝试改变收纳用品的摆放方向
- 一直要放在台面上的东西，外观很重要

玄关

右右脑型的人会把常穿的几双鞋随意放在玄关处。他们觉得“每次都要把鞋放到鞋柜里简直太麻烦”，但也会担心偶尔被客人看到的话不太好。可以根据家人日常穿的鞋子的大小，在玄关处放一个鞋架，把大家的鞋子排放好。这样简单的一个动作就能让玄关看起来整洁很多。

钥匙或印章这样的小零碎可以准备一个外形美观的筐或者盒，统一放进去，拿取都很方便。

如果拿着快递进门，右右脑型的人通常会先把它们堆在一旁。为了防止这种情况，可以在玄关划分出“要或不要”两个区域。不要的东西放进垃圾桶，再另外放一个收纳箱，用于存放信件或者账单等，这样就不用拿到客厅，直接在玄关处理。当然也可以把这些东西立刻存放起来，不用再想着另外找地方保存了。

书柜

右右脑型的人位置辨认能力出色，因此很擅长在一堆书里面找到想要的那本。对于书籍，只要大致分类，再根据书脊的颜色划分就可以了。

日积月累攒下的杂志量也越来越大，虽然可以把感兴趣的内容剪下来做成剪报，但是步骤烦琐、麻烦，不适合右右脑型的人。右右脑型的人可以直接把整页内容都撕下来，放到箱子里保存。

适合右右脑型的书柜的整理分类建议

宝贝	喜欢
信息	回收

根据“喜欢”的程度进行分类

“宝贝”就是要保存的、“喜欢”就是喜欢的书、“信息”就是暂时需要查询的书、“回收”就是读完的书。这个分类的关键词是，觉得重要的书籍就全部保留，也方便记忆。整理书架的时候，可以根据小说、单行本、料理书、儿童书籍等再进行分类整理。

书桌

推荐使用彩色文件夹来整理书桌上的文件。按照客户名、项目名称等划分后用彩色文件夹归档。使用同样大小但是颜色不一样的文件夹来整理，整理后看起来更为美观。

右右脑型的人，切忌把文件随意堆在一起，这样只会越堆越多。推荐使用开放式的书柜或架子，把文件放到文件盒里并根据项目贴上标签，文件盒一字排开放在架子上，这样更加方便管理。

收据类等票据，与其使用夹子夹起来，不如放到透明文件夹里。建议定期整理，或者在票据夹快放满之前收拾一下。待办事项表等，可以使用彩色便签贴在醒目的地方，在完成后立刻撕下来，这种具有趣味性的方式更适合右右脑型的人。

电脑

在电脑桌面上，对图表进行视觉化管理，可以把文件放到文件夹内，使电脑桌面看上去更加整洁。

使用自己更容易搜索的文件名称。如果一时无法分类，就先建一个“杂项文件夹”，凭感觉来进行空间整理。

书桌、电脑的整理要点

- 用彩色文件夹或者透明文件夹来整理文件
- 在开放式文件架中排列文件盒来进行管理
- 代办事项清单或者笔记，贴上彩色便签
- 使用容易搜索到的文件名
- 新建一个“杂项文件夹”，可以随时将文件放入

规划未来

右右脑型的人做未来规划时不妨使用可视化的方式。比如，把喜欢的杂志、报道、照片等剪下并收集起来。

“中意”“喜欢”“舒服”“想要”，只要是感兴趣的东西都能收集起来。收集到一定的量之后，找一张足够大、足够结实的纸，制作拼贴绘画来规划未来。

最好是 A3 以上尺寸的油画纸。收集和自己喜好相关的东西，也能更加直观地了解自己目前的价值观。

贴画的方法没有硬性要求，请自由发挥。推荐使用可以粘上，也可以揭下来的胶水，这样可以重新排列位置进行粘贴。使用好看的喷雾式胶水，效率将会大大提升。

手帐和日程管理

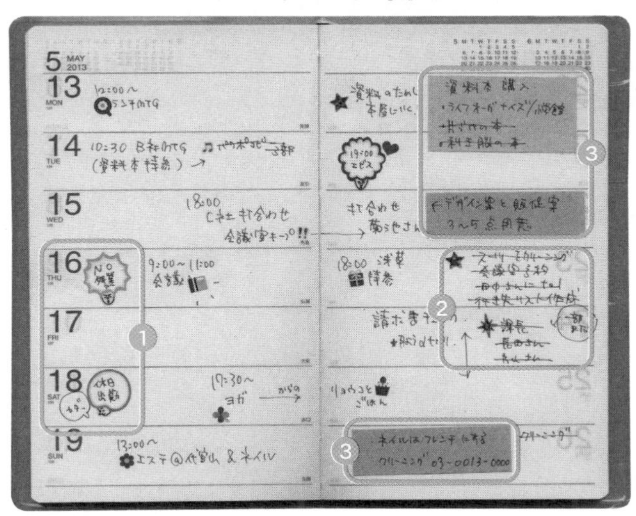

右右脑型使用日程管理表的要点

❶ 用贴纸和插画，看起来更有趣

理想的状态是每次确认日程时都能充满兴趣，推荐用颜色来划分各个计划，容易识别。

❷ 按照待办事项完成的顺序来划线

待办事项完成后不要用橡皮擦掉，而是先在上面划线。这样方便日后复查。

❸ 活用便签

临时需要记录东西可以用便签，事情解决后也可以随时取下。这样日后回顾的时候也可以省去额外记录的工夫。

右左脑型的整理术

右左脑是以右脑为输入信息、以左脑为输出信息的混合脑型。用右脑感性地捕捉事物，再用左脑细致地表达出来。

但是，将感性的概念具象化地展示出来是很困难的，有时很难将其用于实际操作中。

能够让右左脑型的人提起干劲的，是“万事俱备型”作战。右左脑型的人经常在整理工作开始前先购买收纳物品、制作计划表，做好全面准备后再进攻。当有了将想法付诸行动的念头时，就能立刻实施起来。这样的人一旦想要行动就会追求完美，如果这个时候没有时间或者收纳工具不足的话，当时点燃的热情就会在几天后消失。

右左脑型的人注重空间的视觉效果。对于他们来说，像商店陈列那样的收纳方式是心仪之选。他们会不惜在选择收纳工具方面花更多的钱，坚持材质和色调的匹配。

右左脑型的人不喜欢视觉的繁杂，所以不推荐使用可以看到里面的透明类收纳用品。因为看不到里面，所以不用在意收纳用品内部的摆放方式。只要让使用率高的物品可以快速被找到、容易取出即可，不必拘泥于内部的收纳细节。

因为输出端是左脑，所以这样的人一旦收纳起来可能会拘泥于细节，避免过于纠结收纳用品内部的摆放方式。可以先在看得到的地方下功夫，试着整理看看效果如何。

适合右左脑的整理方法

右左脑型的人会追求理想化，但是不知不觉间，收纳方式还是会变成以功能性为优先。要解决这样的矛盾，首先需要在坚持整体构思的前提下，决定好收纳方式的各个细节。例如，想要在厨房收纳食品和锅具，并且在兼具装饰感的同时进行收纳。首先想象一下你理想中的厨房是什么样的，再进一步选择和这个空间相配的置物架，接着选择和架子相匹配的其他东西，以这样的思路来填充细节。

在抽屉等看不见的地方中的收纳，可以适当地分类整理，使其更具功能性。因为输入端是右脑，关于各个用品的配置，最好在整体上统筹安排。

因为输出端是左脑，有些人会因为过分慎重而不愿丢弃物品，需要将拿不定主意的东西放到杂物盒中。当下无法决定扔或不扔的东西，先收集起来，稍后再整理。

收纳用品的选择方法

常用物品最好放在容易取放的地方，使用收纳筐或收纳盒子。推荐选择同款收纳用品，以便随时可以追加购买。这样收纳用品的大小、高度、颜色都在自己的掌控之中。

带盖子的盒子必须要贴标签，知道里面放着什么，才不容易忘记使用。相反，太显眼的话有时会容易搞混，例如，将换季的衣服盖上盖子收起来。

(!) 右左脑型有效收纳的关键词

- 准备好收纳盒之后再开始整理
- 重视可视范围内的视觉效果
- 舍不得扔的东西放入杂物盒
- 整体规划
- 选择同款收纳用品

厨房

右左脑型的人，在看似杂乱无章的空间里也能做好收纳整理。即使架子上已经放得满满的，他们也能找出空隙把东西塞进去，这样的习惯会让厨房的收纳变得困难。推荐利用右脑的空间管理能力，加上左脑重视功能的思考方式，有效地使用并归整物品。

对于冰箱、食品储藏室等放置食品的空间，一定要坚持“管理固定位置”“预防塞满”“适量管理”原则。

适合右左脑型的厨房的整理分类建议

使用且喜欢	不用但喜欢
使用但不喜欢	不用也不喜欢

以情绪性和功能性两个轴向来进行判断。

混合脑的右左脑型，分类时最适合的关键词是情感和功能并行，在“喜欢或讨厌”之外，还要考虑“使用或不使用”。厨房用品的种类有很多，将每个种类都用关键词来思考的话就能一目了然。需要扔掉的东西，就果断归到“扔掉”的范畴。

一开始就要做好计划，什么地方收纳什么东西。最好能画一张位置图，把它贴在门后面。常用物品放在外面，不常用的放在柜子的深处或者高处。常用物品的备用品放在该物品固定位置的附近，以便随时添加。

接下来就是防止物品塞得过满，适量管控。需要用到收纳筐、收纳盒等收纳用品，从而有效分隔空间。将物品放到收纳筐或收纳盒里，借由收纳用品来对所放物品进行量化管理。如果遵循“放入的量必须一眼就能看到”的原则，就不会因为放太多而塞满或者溢出来。

收纳厨房中随处可见的小件物品时，根据用途将其分组摆放。例如，在收纳咖啡杯的餐具架附近放上咖啡豆和沥干架；在电水壶旁边放上装有茶包的篮子。这样视觉上更容易捕捉，就能减少使用时的多余动作，拿取也会更加方便。

餐具依据类别区分，放在事先定好的位置上。另外，不要叠放太多，餐具和餐具之间能够把手放进去，以此实现适量化管理。这个原则适用于日常使用的物品，贵重的餐具除外。

有时，尽管自己知道里面有些什么，家人却经常找不到。这种情况可以通过贴标签来解决。重视视觉性的右左脑型的人，对于每个标签都有讲究，英语或者图标，选择自己喜欢的设计，有助于更加舒适地收纳整理。另外，因为右脑是输入端，所以不用标签，使用照片贴在外面也不失为一个好方法。

完美主义的右左脑型人，画好厨房的位置图，记录并管理东西的摆放位置，自然会养成把东西放回固定位置的习惯。

厨房收纳用品推荐

纸袋隔断

右左脑型的人喜欢在看得见的地方花钱，在看不见的地方省钱。纸袋隔断制作简单，并且超级省钱，很多人在使用后赞不绝口。将纸袋的把手拆下，将上部切割下来，使其比最外侧高一点，再将边缘向内折就完成啦。手头有纸袋的话马上就能做一个，请一定要试试看。

(!) 厨房的整理要点

- 决定固定位置
- 收纳柜里物品过多时，通过制作位置图来整体把握
- 使用收纳盒进行区域分隔，防止物品塞满
- 收纳盒必须贴上标签
- 使用照片标签更加容易辨认物品

客厅、餐厅

客厅、餐厅里的物品，也是每个家人的个人物品。因此，右左脑型的人觉得不需要的东西，要考虑家人的需求，同时要综合考虑使用场所的习惯，否则会让收纳工作陷入僵局。

如果想要有空间设计感，首先对于摆在外面的物品要严格，收起来的物品要放在经常使用的地方。只要严格遵守这个原则，就能最大限度地接近你想要的客厅效果。

适合右左脑型的客厅、餐厅的整理分类建议

每天都在这里用或这里用方便	一周用一次，这里用方便
一个月用一次，不在这里用	不用

日用品根据场所和关联性分类

客厅的物品很多，推荐按照使用频率来分类。另外，在使用频率的基础上加上对物品的主观感受，例如“这个东西好用又有趣”“只能在这个地方用”。

右左脑型的人不擅长每天进行整理，需要建立简单且容易执行的收纳系统。使用不透明的收纳工具是应对这种情况的不二之选。不管是遥控器类的小件物品，还是杂志或者报纸，都可以放入时尚美观的收纳盒里，摆在沙发旁等经常使用的地方。这个方法既方便整理，也不会因步骤烦琐而感到麻烦。

建议在用收纳盒收纳家人们各自的物品时，要在收纳盒上贴好标签。追求完美的右左脑型的人请记住：“即使是家人，价值观也会不同，不要强行管理别人的东西！”还是多思考如何把自己及家人的物品合理有效地“藏起来”吧。

放在客厅的收纳盒，满足不了全家人的喜好，还是优先根据自己的喜好来选择。这样，坚持整理的动力就会更强。采用同款收纳盒，摆放在架子上后，视觉美感也会得到满足。因为收纳盒容量有限，便于对物品进行适量化管理。

如果家里有婴幼儿，在客厅活动或者常在客厅换衣服的话，那么在客厅设置专门的收纳空间会更加方便。各种玩具和衣服混杂在一起，视觉感受也不太好，最好也用收纳盒进行收纳。

使用柜子或抽屉进行收纳，需要在内部进行区域划分，有效进行容量管理，使用起来更便捷。

CD 或者 DVD、药品、文具等，都可以按类别放在不同的抽屉中。

如果有些地方还是乱的话，不妨准备一个“临时保管箱”。将散落在外的东西放进“临时保管箱”里，然后定期检查，箱内物品的最终处置权由该物品的主人来决定。如有需要，可转移至其他房间，但切记不要擅自处理。

右左脑型的人，如果过于追求完美可能会因中途无法达到自己想要的效果而半途而废。

遇到这种情况不要一个人纠结，可以同他人商量，一起寻找解决方法。旁观者清，客观看待整理这件事情，说不定可以从麻烦中摆脱出来。

客厅、餐厅的整理要点

- 个人物品自己管理
- 区分摆在外面的物品和收起来的物品
- 给抽屉做隔断
- 使用“临时保管箱”来防止东西散乱
- 整理陷入僵局时，与他人商量

衣橱

虽然不在看不见的地方花钱是右左脑型人的特点，但这并不阻碍他们思考如何更好地使用隐藏区域。因此，闲暇之余自己动手制作收纳用品也是一种方法。

此种类型的人会为了实现自己的想象而花费精力，不妨利用空箱子或纸袋（参考第 83 页）、厚纸板等来做简单的隔板进行区域划分。

适合右左脑型的衣橱的整理分类建议

喜欢 且经常穿	不喜欢 但是要穿
喜欢 但是不穿	不喜欢 也不穿

根据使用频率和主观感受进行分类

根据“情感”和实际的“使用频率”进行分类，区分出“需要的东西或要扔的东西”，收纳前决定好固定位置。因为右左脑型的人，只想看到当下要用的物品，所以把“经常穿的衣服”放在显眼的地方；“不喜欢但是要穿的衣服”放在旁边；“喜欢但是不穿的衣服”放在别的看不到的地方。

使用隔断可以让内衣或者袜子等小件衣物的拿取更方便。按照种类将丝袜、长筒袜等分隔摆放，不仅能防止它们混在一起，也便于整理。如果嫌一一排列太麻烦的话，也可以在做好分类隔断的区域内随意摆放。

右左脑型的人，右脑显现出的特性很强。对于他们来说，将洗好的衣物叠好，再完成“拉开抽屉→放入抽屉→关上抽屉”这样一套流程太麻烦。在这种情况下，拉出一个抽屉，不把它当成抽屉来使用，也是一种方法。抽屉拉出来，空出来的地方当成架子使用，把内裤或者针织物卷起来摆放，只需要把它塞进去就行了，很方便。如果有一个和腰差不多高的柜子或五斗柜，可以把拆下的抽屉放在上面，这个高度也可以放东西进去。

为了提高整理收纳的动力，可以将衣架全部换成自己喜欢且实用的款式。对于右左脑型的人来说，前期做好相关准备工作，更容易将收纳工作进行到底。

衣橱内，将目前想穿的衣服放在看得见的地方。根据右左脑的特性，如果不做好区域划分的话，挂衣服的时候就容易搞不清楚应该放在哪里，这也是衣橱杂乱的原因之一。

对应方法就是，当季的衣服放在衣橱内最容易拿取的位置。其他偶尔才会穿的参加重要场合的衣服套上防尘罩。如果还有挂换季衣服的空间，可将换季衣服套上防尘罩挂在晾衣杆的边缘。打开衣橱只看得到要穿的衣服，每天穿搭配色也能更加轻松。

建议右左脑也和右右脑一样，在衣橱中做一个“临时放置箱”，着急的时候可以将脱下的衣服先放到箱子里，防止衣服随意堆在衣橱里。记住，在“临时放置箱”快满前进行整理并重新放置。

衣橱收纳用品推荐

个人衣物防尘罩

选择可以放几件衣服的防尘罩，比只能放入一件衣服的更方便整理。便于选择衣服的同时，也起到了防尘的效果，可以说是一石二鸟。使用防尘罩可以遮盖每件衣服的长度，展现出一致性的美感。收纳衣服时按照季节或用途分开摆放，换衣服也更轻松。

衣橱的整理要点

- 在抽屉内制作隔断
- 隐蔽空间可以随意摆放
- 当季的衣服放在可视范围内
- 准备“临时放置箱”，防止衣物散乱
- 不常穿的衣服套上防尘罩

洗手间

洗手间是每天早上一家人交替使用的场所，每天用的牙刷、洗面奶等要放在显眼的地方。通常，这些东西都是放在洗手台上触手可及的地方。但是右左脑型的人，在用完之后喜欢能立刻恢复台面的整洁，如果摆放很随意，他们会感到不舒服。因此，可以选择托盘或收纳盒，放在洗脸池台面周围进行收纳。随用随取，这样可以保持台面的清爽整洁。

毛巾可以根据尺寸大小叠放到架子上，或者用收纳筐来收纳。收纳用品的选择要与洗脸池台面风格、色调相匹配，同时保持大小、尺寸及颜色的一致性。

洗涤用品放在洗手台下面的柜子中存放。备用洗涤剂可放置在正使用的洗涤剂瓶后面,并摆放成一排,方便随时补充。这样一眼就能知道剩余库存。如果将库存洗涤用品放在别的地方,右左脑型的人容易忘记库存的存在而重复购买。

体重秤可以放在塑料文件盒中收纳。竖起来存放的体重秤,其轮廓和高度与瓶装洗涤剂相似,这样的收纳方式具有和谐的美感,深受右左脑型人的喜爱。

洗手间的整理要点

- 每天用的物品也采用隐藏式收纳
- 毛巾放在架子上或者收纳筐里防止弄乱
- 选用具有装饰感的收纳用品
- 替换装库存与正在用的同类物品放在一起保存
- 体重秤可以选择直立收纳的方式

玄关

玄关可以说是一个家的颜面。正因如此，右左脑型的人更注重玄关的收纳整理。鞋要放在鞋柜里，伞要放在伞架上，钥匙也要放在固定位置。按照这样的基本规则进行收纳，尽可能把所有东西都隐藏起来。

有关鞋的收纳，有人会选择在鞋柜中摆成一排。一般鞋柜的构造一目了然，可以说是最适合右左脑型人的收纳工具。摆放的顺序，可以尝试按照家人各自的鞋子进行分类摆放。

玄关设置摆放平日出行常用物品的空间，按照用途将相关物品放在专用包里进行收纳。出门的时候不用再费力寻找，用完统一放进包里，再把包放回玄关处即可。

对于右左脑型的人来说，鞋柜上面是重要的“展示空间”，可以挑选一些钥匙架、精美饰品等放在上面。根据客人进门时的视线转移，可在墙上加些装饰品，更好地美化玄关空间。

书柜

关于书籍收纳，右左脑型的人追求统一感的视觉效果。如果一个书柜内收纳了各种书籍，可以按照书籍类型区分，然后根据高度排列，并注意颜色的归类。

书脊的颜色如果过多，看起来会很乱，可以收纳到文件盒中，或者安装卷帘来遮挡。看不见的地方就算稍微乱一点，也不影响整体美观性。

适合右左脑型的书柜的整理分类建议

喜欢也会读	为了获取信息而读
不读但喜欢	已经不读了

首先要明确“目的性”

右左脑型的人整理书架时，可以按以下标准对书籍进行分类。对于“不读但喜欢”的书，思考喜欢这些书的原因，考虑好是把这些喜欢的书“摆在外面”还是想要“收起来”，然后再决定如何收纳。至于别人的书也让他们做一个分类，整理之后进行收纳，这样更有效率。

书桌

大部分右左脑型的人都能将书桌整理得很干净。这正是因为输出端是左脑，擅长整理信息。

整理文件时，可以使用文件盒、透明文件夹和曲别针，细致地进行分类收纳。

根据类别准备文件盒，给不同的项目文件进行整理归档，再根据重要程度和紧急程度在文件内用★号标注。发票和收据等，可以根据类别和紧急程度来区分，并且定期整理。右左脑型的人对于扔东西是很慎重的，因此在完全确认“已经不需要了”之前，最好准备一个暂存盒来保管。可以把文件码好归档，像千层派一样；可以将文件错开摆放，使用不同颜色的曲别针分类，这样更容易看到文件内容，也是一种简捷有效的方法。

电脑

电脑或者手机这样的电子产品,非常适合右左脑型的人。想把电脑空间整理得井井有条,就需要制定规则,认真执行。例如,“下载的文件,立刻放到对应的项目文件夹内”“如果需要暂时放在桌面上的话,则标注上日期”等。使用完的文件如果无法马上删除的话,就新建一个“待定文件夹”,定期进行整理。

书桌、电脑的整理要点

- 重视文件的功能性,定期清除
- 无法马上删除的文件先放到“待定文件夹”里
- 文件命名要能够表现出内容
- 首先制定电脑内的整理规则
- 定期整理“待定文件夹”

规划未来

建议右左脑型的人规划未来时，能够通过模拟和数字相结合的方式，以未来的自己为主题做一个画板。所谓画板，就是对模糊的印象进行可视化或者语言化的表达。描绘 5 年、10 年后的生活和自己的插图、照片、杂志剪报等。如果很难想象未来的自己是什么样子，换一种方式——想象“当我的孩子长到多大时我会变成什么样”——可能会容易一些。不仅是图片，可以贴上任何能想到的东西，来拼贴自己的画板。如果使用电脑制作的话，也可以插入视频。

对于右左脑型的人来说，需要注意的是对这个画板进行文字说明。通过输入文字可以激活左脑进行输出，除此之外，配合诗或者文章，可以更加容易想象。请收集你喜欢的台词或者句子吧。

手帐和日程管理

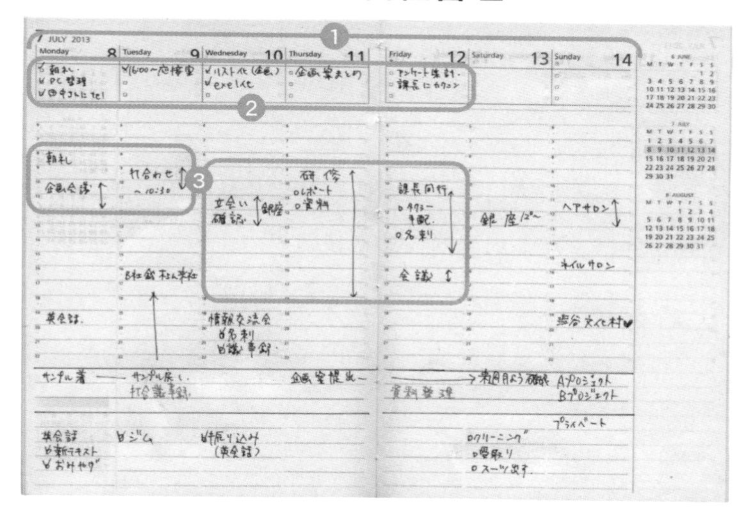

右左脑型使用日程管理表的要点

❶ 以一周为时间间隔集中安排日程

能够详细记录有怎样的安排以及最近的活动，一周左右的间隔是最合适的。

❷ 通过区块化，让时间变得可视

将时间切割成一个个区块，可以管理一天到一周的行动，进而掌握自己的行动。比如“这一周我在忙着做这个项目”等。

❸ 使用复选框管理 TODO（待办清单）

右左脑型的人可以在 TODO 清单前面设置小复选框。这样待办事项即使完成了也不用删除，可以方便后续检查。

左左脑型的整理术

对于输入和输出都是左脑的左左脑型人来说，整理是轻而易举的事。左左脑型的人善于逻辑思考，所以能够很好地对空间进行规划和整理。同时，此类型的人喜欢井然有序的生活，所以只要打造好适合自己的整理收纳体系，就能够很好地保持下去。

一旦开始整理,他们会以物品的使用频率作为取舍标准，所以很少会出现犹豫不决的情况。但偶尔也会因为“万一以后要用”的这类物品而出现难以抉择的情况。对于家里闲置已久的物品，可以尝试着思考“这个物品为什么会出现在我家”“现在还能不能满足我的生活需求呢”，这样思考也许能帮助左左脑型的朋友快速地做出合适的判断。

值得注意的是：大部分左左脑型的人因为喜欢极简生活，所以在整理的过程中很容易过度精减，导致之后再重复购买舍弃过的物品。

对左左脑型人来说，最大的难点是对尚未分区的自由空间进行规划。所以第一步是先划分空间的功能区域，然后再进行细化的收纳工作。

左左脑型擅长处理数学信息，所以很适合用标签和清单对物品进行管理。例如把买回来备用的清洁用品列入清单，便于掌握收纳的物品及数量，像信件之类的可以分类并贴上标签。

左左脑型的人在首次搭建收纳体系时，如遇不顺可以考虑更精细的收纳方法。另外，也有因为整理并不是现阶段最急迫的生活需求，而完全不做整理的左左脑型的朋友。总而言之，左左脑型的朋友在整理的时候，要保证足够的前期思考的时间，然后在整理收纳的过程中做出各种尝试。

适合左左脑型的整理方法

左左脑型的人比较重视物品的实用性，所以将高频率使用的物品放在最靠近使用场所的地方是最基本的原则。

物品遵循就近摆放的原则进行收纳，既能做到随手可得，也可随手归位。例如在更衣的地方设置脏衣篮，书柜摆放在阅读区等，让生活尽量轻松便捷。家里的清洁用品可以根据清洁的功能和需要清洁的场所就近收纳。

物品尽可能地按照合理的规则并列摆放，这对左左脑型的朋友来说是比较友好的收纳方式。例如在收纳袜子的时候，首先在抽屉里放入分格式收纳用品，把黑色袜子一双双地放一排，白色袜子挨着旁边放一排，再在抽屉上贴上“袜子（黑·白）”这样的标签。同时，规定好不能超过这个抽屉内能收纳的量，这样既能很好地控制袜子的数量，又能清晰定位摆放。要注意的是，左左脑型喜欢精细化的分类收纳，可一旦规则被打乱，要复原就会相对麻烦。

收纳用品的选择方法

对于喜欢细化整理的左左脑型来说，推荐使用尺寸刚好的分格收纳盒，或是可以自由组合的分格板。不要选择圆形的篮子，方正的半透明塑料材质的收纳盒会更适合。

那种带有很多小分格的盒子、自由调整间隔大小的分隔板以及各种增加层板上下收纳空间的收纳架等，都非常适合左左脑型的朋友。

! 左左脑型有效收纳要点

- 注意不要过度精减物品
- 分格收纳可以避免混乱
- 使用标签可以提高生活效率
- 使用清单管理物品库存量
- 根据物品使用频率，就近摆放物品

厨房

厨房可以说是最能展现左左脑型追求效率这个特性的空间，同时也是标签使用技能的最佳炫技场所。左左脑型的朋友在厨房收纳的过程中，可以在橱柜上贴标签明确物品定位，在柜体内的收纳用品上再贴细化的标签，来了解收纳在内的物品类型，同时可以在食物包装上贴上食用期限以提醒自己及时食用。

适合左左脑型的厨房的整理分类建议

每天都在使用	一周使用一次以上
1~3 个月用一次以上	其他

工具 = 使用的物品

对重视功能性的左左脑型来说，收纳在厨房的所有物品都是“工具”。所以在做筛选的时候，所有物品都可以根据使用频率来进行分类。而在每天使用的物品种类太多的情况下，可以以物品的使用难易度来进行进一步的分类。适当的物品量也很重要，所以最好事先了解某类厨房工具所需要的数量。

在厨房里使用的标签，可以选择贴纸型标签。贴纸型标签不管是颜色还是样式都有许多选择，是怎么用都不会腻的收纳小帮手。简单地剪下贴到所需的位置，上面的文字尽量用统一的字体，视觉上会显得更加清爽不杂乱。标签类工具可以收纳在厨房内，想用的时候随手可得。现在还有标签打印机可以选择，可以说是非常方便了。

虽然左左脑型的朋友擅长做家务，但也会希望居住空间能够达到轻松保持干净的状态。像面包机或电饭锅这样的电器，可以使用可抽出式的层板进行隐藏式收纳，这样既能轻松保持干净，在视觉上也能够达到清爽的效果。

餐具这类物品，尽可能地考虑其最优动线来进行收纳，这样能够节省不少时间。如果在最优动线的位置没有找到足够的空间，可以改变一下收纳的思路，将一些缝隙利用起来，放入细长的文件收纳盒，将碟子竖立摆放其中。

干货或者袋装食品，为了避免散乱在各处，最好分门别类地用分格收纳的方法，放入抽屉或塑料收纳盒内进行管理。如果在同一个收纳盒里有一个以上类别的物品，则将收纳在内的所有物品的名称用标签标识好。如果需要增加物品，在购入前确认一下库存量以及收纳的空间是否充足。

有一些空间收纳的物品无法一目了然，可以制作一张收纳在此空间的物品清单，然后贴在明显的地方以方便查阅。这样一来就可以避免食物过期或重复购买的情况，不会造成浪费。除了清单管理，还可以用手机拍照将物品记录下来并附上日期来管理。

在为餐具或干货选择收纳用品时，优先选择便于取出的收纳盒更合适。另外，左左脑型的人擅长探索不同功能的收纳用品，例如玻璃杯放在不好拿的地方时，他们会尝试增加转盘来进行收纳等。所以，我非常建议左左脑型的朋友大胆尝试，在试错中不断进步。

厨房收纳用品推荐

美工胶带

在厨房贴标签的话，美工胶带很适合重视功能性的左左脑型。因为撕贴简单，特别适合记录食品和库存量经常发生变化的情况。而且有各种各样的尺寸，方便选择。在颜色的选择上，很多左左脑型的朋友都倾向于白色。

厨房的整理要点

- 用标签化管理物品数量和定位
- 因为重视家务活的效率，尽量做隐蔽收纳（包括厨房电器）
- 抽屉内也要做细化分格，明确每一个物品的位置
- 用列表清单管理库存
- 多利用自由分隔板

客厅、餐厅

客厅和餐厅是公共区域，满足了共用物品及个人物品的收纳需求，可以说是左左脑型的朋友大施拳脚的地方。

首先，家人共用的物品要收纳在一眼可见的地方，可以设置一个“临时收纳盒”。当“临时收纳盒”的物品溢出时，则要尽快确定这些物品的定位，明确这些物品是谁在用、在哪里用，再根据物品使用者的喜好确定收纳方法。

适合左左脑型的客厅、餐厅的整理分类建议

每天都在使用	一周使用一次以上
1~3 个月用一次以上	其他

根据物品使用频率和地点来决定分类

对于像客厅、餐厅这样既是家庭的公共区域也是接待客人的场所，尽可能地只放置每天都使用的物品，并且能够轻松拿取，同时，不应该放置使用频率低的物品。将高频率使用的物品收纳在公共区域，而不怎么使用的物品则做出“放到别的空间或舍弃流通”等进一步的分类处置。

电视遥控器这类电子遥控器可以放在沙发或茶几附近，竖立在笔筒内并列摆放，这样更方便拿取。从物品使用的便利性来看，竖立摆放是最佳方式。

收纳 DVD 或 CD 这类物品的时候，为了节省空间，可以把光碟取出放入光碟收纳盒内收纳。外包装盒则用专门的文件盒管理，贴上便于查找的编号，使用便于后期增加数量的分类方式，按类别放入文件盒，这样既合理又方便寻找。

共用的工具类物品,可以根据工具使用的动作命名标签，方便寻找。例如剪刀就用“裁剪工具”命名，纸带或订书机这种把物品整合起来的工具用“整合工具”命名。根据这种命名逻辑，把工具类物品集中在一个地方分区摆放。

积分卡或者优惠券这类物品，分好类后用回形针或衣夹子夹起来放在篮子或抽屉里即可。病历卡等就诊资料则根据家庭成员进行分类再集中收纳在一处。

客厅最常见的需要收纳的物品还有药物类，如果把所有药一股脑地收在一个地方，要用的时候往往需要翻箱倒柜地去找。所以把药品根据治疗功效来分类摆放，并贴上药品有效期，可以方便寻找。一些剩余少量的药片可以放入密封袋并贴上标签收纳，口罩或创可贴这些则根据尺寸大小进行分类摆放，感冒药、肠胃药等这类药物分好类别后进行分格收纳更合适。

左左脑型当中有一部分人甚至不喜欢用靠垫或盖毯等这些软装饰，认为这些软装会让空间不够简洁，所以沙发上尽量保持简洁，不额外增添这些物品更合适。

想要保持空间简洁，可以规定好放在外面的物品的类型和数量，将多出的物品用篮子或盒子收纳起来。如果有靠垫或者盖毯，但不想摆放在外面的话，可以放入一个比较大的收纳筐里让空间显得更清爽。

如果感觉常用的必需品与家居装修风格不匹配，将物品分好类后用隐藏收纳就可以解决这个问题。

客厅、餐厅的整理要点

- 不确定物品属性的时候，可以暂时存放在“临时收纳盒”里
- 竖立摆放物品
- 文具收纳的标签根据“使用动作”来命名
- 使用标签机制作标签
- 限制外露物品的数量

衣橱

左左脑型的朋友倾向于根据衣服的穿着场合或颜色来分类。根据颜色分类这种做法，听起来好像更适合右脑型的朋友，但是适合左左脑型的“颜色分类”更倾向于衣服的功能性。很多左左脑型的朋友会按照类似“黑色下装搭配白色或米色上衣”的习惯去搭配衣服，所以把有这些颜色搭配倾向的衣服放在一起就比较合理。

适合左左脑型的衣橱的整理分类建议

一周穿一次以上	一个季度穿一次以上
超过一年没有穿	其他

穿？不穿？

对于左左脑型来说，衣橱的整理比较倾向于右脑。虽然从穿衣喜好或者是季节来看衣橱里的衣物，也能看出明显的分类，但是以穿着的频率来进行分类会更适合左左脑型。然后在这个大分类里，再加入“最近特别喜欢”的衣服，将其收纳在高频使用区域，同时建议每个季节进行一次整理，控制好衣物的数量。

衣橱抽屉里的收纳，适合使用分隔工具，将衣服按颜色进行分类收纳，既方便拿取又一目了然。这样收纳的好处是能够很轻松地掌握衣服的颜色和数量，例如发现自己白色的衣服偏少，那就可以在购买衣服的时候适当增加购买白色的衣服。此外，因为左左脑型的朋友会特别在意衣服折叠的大小和摆放的方向，所以更适合用不容易散乱的方法来折叠衣服。衣服折叠后直立摆放，再利用分隔器将衣服隔开，衣服既不容易倒塌，看起来也整齐美观。相反，有些朋友因为没有使用合适的分隔收纳法，容易出现难以归位的情况。

贴身内衣或内衬可以根据上半身和下半身穿着进行分类，这样根据穿着的需求可以马上拿取，非常合理。

左左脑型的朋友喜欢一丝不苟地做事，所以应该很希望能管理“自己拥有多少件衣服”“什么时候购买的”这种信息。

可以尝试在衣橱悬挂区或抽屉的右侧留出空间，然后将最近穿过的衣服放到这些区域，如此一来就能够很清楚地知道衣服的穿着频率了,而一直在左边的衣服则是不穿的衣服。这在整理的时候也能够成为筛选的参考。

在购入新衣服的时候,用本子记录下购买的时间和地点，就能清楚地知道衣服更换的时间及消耗情况。理想状态是在每次购入新衣服的时候再进行整理，但是如果时间或实际情况不允许的话，在衣服换季的时候进行一次大规模的整理收纳也可以。这个时候的整理，数据依然是关键因素，所以一定要记录购买或整理的日期。

收纳像首饰这样的小物品，对于擅长细分类的左左脑型的朋友来说并不是难事，只要使用浅层抽屉或者抽屉收纳盒细致地分隔收纳，再用标签机进行进一步的收纳，这样做能大大提高整理收纳的热情。考虑到需要和衣服进行搭配，首饰收纳盒可以放在全身镜的附近或者衣橱里，还可以放在斗柜上面。

衣橱收纳用品推荐

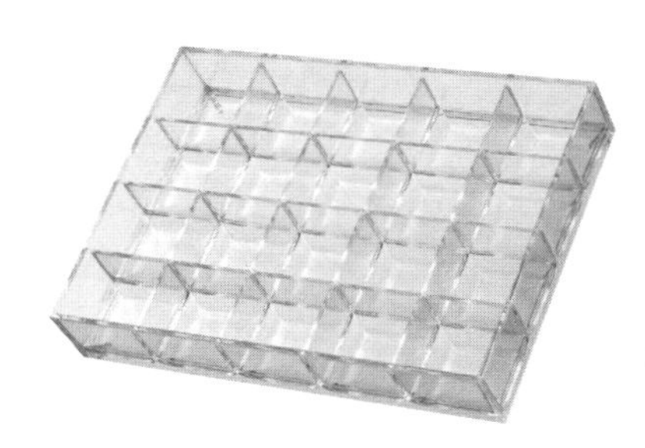

细格分类的首饰分格盒

相信左左脑型的朋友看到一个个固定好位置的首饰分格盒时，就已经跃跃欲试了。设置好细分收纳规则，例如“右边放金饰，左边放银饰”等，就能够很好地进行收纳。用这样的收纳盒，不仅归位方便，而且首饰的数量也一目了然，对于把握首饰的整体数量很有帮助。

衣橱的整理要点

- 根据衣服类别和颜色两个标准进行收纳
- 合理规划空间，掌握衣服的穿着频率和重复率
- 使用衣服管理笔记对衣服购买的时间进行管理
- 四季的衣服都能够一目了然的收纳为最优
- 首饰收纳在全身镜或衣橱附近

洗手间

对于左左脑型的朋友来说，优先考虑使用的物品放在哪里以及怎么收纳会更好。像牙刷、洗面奶这样每天都使用的物品，建议整齐摆放在洗漱台的附近。而洗衣液或者清洁类物品，则分类放入收纳盒进行收纳。在收纳盒上贴好简单易懂的标签，以便一目了然地去选取所需要的物品。

如果需要在洗漱台前化妆，可以考虑将化妆品和首饰都收纳在这个位置。如果桌面收纳空间有限，可以将化妆品收纳在一个便携的盒子里，再将其放在洗漱台下方的收纳空间里。这是因为即使放置在难以拿取的位置，对于左左脑型的朋友来说也是不影响使用的。

洗衣液或清洁类用品很容易乱放,而且包装有各种颜色，建议使用自己喜欢的统一外观的替换瓶子,并定期更换标签。在贴标签的时候要专心，千万别贴错了。

另外，在洗手间里也有更换衣服的情景，所以最好在洗手间里设置收纳贴身换洗衣物的空间。如果有更多的收纳空间，可以考虑放置斗柜等，根据家庭成员每人一个抽屉的标准，分类收纳衣物，甚至可以将袜子、手帕也收纳其中。如果收纳空间不允许，也可以设计成悬挂式收纳。

洗手间里的物品一般会比较多，所以统一色调非常重要，建议选择朴素一点的颜色，这样能显得简洁。

洗手间的整理要点

- 日常洗漱物品放置在洗漱台附近
- 可以去除清洁类包装上分量标注外的贴纸
- 设置脏衣篓和干净贴身衣物的收纳空间，增加便利性
- 如果收纳空间有限，可以考虑悬挂收纳
- 整体颜色保持统一

玄关

对于左左脑型的朋友来说，玄关这个空间，优先考虑收纳的功能性。例如为了能在出门的时候顺利地准备好所有所需的物品，可以把出门背包的收纳空间设置在这里。同时，出门需要携带的书籍、手表、纸巾、身份证、钱包等都可以收纳在玄关柜里。如此一来，早上出门的主要动作就是从玄关柜里拿到需要搭配的包包，同时按需取出需要的物品，然后在鞋柜里拿出今天要搭配的鞋子,并把拖鞋归位,最后出门。如何设置好玄关对重视功能性的左左脑型朋友来说，应该是得心应手的。

左左脑型的朋友还很擅长优化鞋柜空间的使用。例如在鞋柜上安装毛巾挂钩来挂伞，把层板拆下来，让长靴有足够的层高放进去。尽量尝试把空闲的空间都利用起来吧!

书柜

左左脑型的朋友适合将不同阅读频率和功能类别的书本分开收纳。杂志类可以根据刊物的类别及期刊号进行排列摆放。收藏类的书籍可以根据书籍发行时间摆放。

相比统一颜色或者外形，左左脑型的朋友更适合用逻辑关联去排列书籍。摆放的方式可以是竖立摆放，也可以是堆叠摆放，按照自己喜欢的方式就好。

适合左左脑型的书柜的整理分类建议

反复读过 3 次以上	读一次以上
以后还想再读	以后不会再读

这本书还会看吗？

左左脑型的书柜收纳，更适合像日用品一样按照阅读频率去进行整理排列。根据阅读的次数对书本进行定位排列，如果在同样阅读次数的书籍里有各种杂志、手册、漫画或书本，则根据不同类别做排列摆放。

书桌

对左左脑型的朋友来说，整理工作常用桌的基本原则，就是要贯彻细化分类收纳和标签化标识。容易散乱的文具，在抽屉内使用分隔收纳盒将工具分好类，纸质文件类则可以用坚固的纸质文件盒简单收纳。不用给文件打孔再用金属夹子固定，将文件根据用途分好类管理，这样会更轻松。贴上标签后进行收纳。

左左脑型对文字的处理能力比较强，所以标签用黑色文字标识就可以，同时为了方便随时制作标签，可以常备标签贴纸或者标签机，这样能提高整理收纳的效率。

至于待处理的信件或文件等，可以将其分成“待处理”“待回复”“已处理”三个类别，然后再决定保留时间。对于左左脑型，在处理过期物品上特别干脆，所以确定好文件保留的时间，定期进行整理，就能维持简洁的桌面。

电脑

在整理电脑文件方面，左左脑型也喜欢简洁的风格，可以尝试着将各种颜色的图标改为列表形式进行管理。文件类则建立文件夹进行整理，并根据文件类别和日期进行命名，建议按照日期先后进行排序。

书桌、电脑的整理要点

- 书桌整理需要细化分类并标签化
- 纸质文件用最简单的夹子夹起来即可
- 为纸质文件确定保留期限，定期整理
- 电脑里的文件根据时间列表进行排列管理
- 文件名以数字作为分类的基本原则

规划未来

大部分左左脑型的人都擅长富于逻辑的想象。所以，在规划未来的时候，可以先试着把自己内心的事项按优先顺序列出来：1. 目前想尝试的事情；2. 自己想要什么；3. 不想做什么事情。然后，在每项下列出10个左右的事项，将其写出来。如果一下子想不出来也没有关系，日常带着小本子，想到的时候拿出来记下，最后整理。

在1至3这三项中，从优先级最高的开始进行排序，如此一来就能够清晰地了解自己想要什么，是什么让自己感到烦恼，同时也必然能找到自己应该着手去做的事情。

同时，大家可以将这个排序表写在手帐或日历本上，方便周期性回顾，同时也建议隔一段时间复盘。

手帐和日程管理

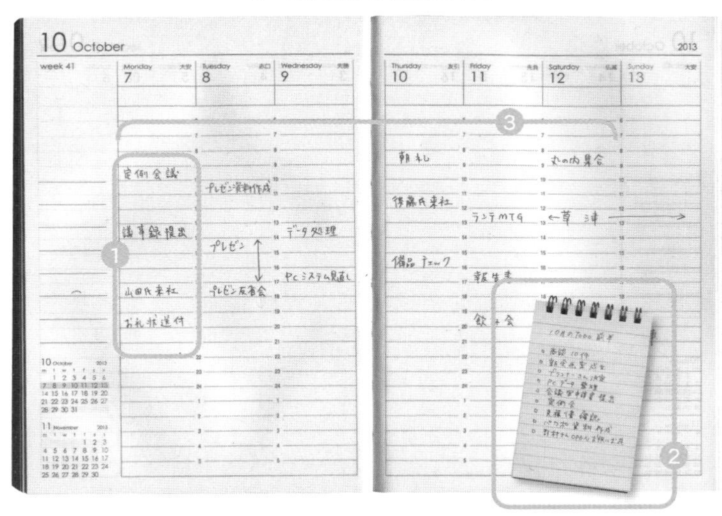

左左脑型使用日程管理表的要点

❶ 只记录必要的事项

能够清晰整理日程手册是左左脑型的特点。为了能够一目了然，并且不遗漏任何日程事项，可以简单地将每一个事项标识在日期下方。细化的内容，适合放到 TODO 清单里进行详细书写。

❷ TODO 事项过多的时候附页记录

可以分为大方向的 TODO 清单和细化的 TODO 清单两个形式来管理要做的事情。如果日历或日程手册空白写不下，可以再用别的纸张书写，然后夹在对应的地方。

❸ 用单色笔并考虑书写布局

即便是单色笔迹也能快速地读取到关键信息，是左左脑型的天生技能。同时，左左脑型能够很规范地书写文字，即使横线之间间隔小也不是问题。

左右脑型的整理术

左右脑型是指用左脑接收信息，用右脑输出信息的混合脑型。这种类型的人喜欢逻辑性输入，也会凭感觉去行事，是非常独特的类型。为了让大家更容易理解，我想将其形容为“用画画的形式去表达数字的世界”。

比起其他脑型，左右脑型的人更容易将事情想得更深，在没有掌握体系的理论前，很难将想法付诸行动，所以在整理收纳的过程中往往需要更多的时间。而且，即使大脑理解了，在行动上却无法实现自己想象的模样，就会陷入进退两难的困境。

而且，同样是左右脑型的人也会有不同的思维模式，因此无法提供统一的整理收纳方法，每个人都需要找到适合自己的方法。

一般给物品做分类收纳时，人们会根据物品类别来进行，但是左右脑型方面不会完全遵循这样的规则，而且也不觉得有什么问题，这是一个很不可思议的表现。例如在放“黑色衣服”的收纳空间里，他们会将上衣、裤子、毛衣甚至眼镜盒都放入其中。而且，他们也不会特别在意物品摆放的方向。

再举些独特的例子，像把日常使用的自行车挂在墙壁上收纳，扫地机器人放置在厨房餐柜下面，等等，这些让人不由得惊叹的独特方法都是左右脑型人的奇思妙想。对他们来说，这些都是在经过理论思考后的独创方法，并不会觉得有何不妥。

虽然在前期将认知理论与实际方法有效结合方面比较花费时间，但是一旦确定方案，后面的收纳过程就会很顺畅。正因为是自己认可的收纳方法，所以在实际操作的过程中会毫不犹豫，而且在后期维持上也特别轻松。

适合左右脑型的整理方法

左右脑型的人很不喜欢细碎的分类和繁杂的操作，所以使用适合自己的方法进行简单的收纳是最佳选择。即便在拿取的时候不太方便或者物品偏离常规位置，也没有问题。即使会有很多人感到难以理解，甚至惊呼“这东西为什么要放这里”，左右脑型的朋友也不觉得有什么问题，而且会坚持自己的方法。

对左右脑型的朋友来说，这种具有趣味性的收纳方法，即使要将物品收纳在隐秘的地方，也能很好地贯彻。但是，对于自己不感兴趣的物品，这样放置就很容易遗忘，所以要保证这类物品放置在显眼的地方。

如果在整理的过程中遇到难题，结合右脑输出的特点，参考一下右右脑型的方法,应该可以得到解决。可以尝试在“敞开式收纳”和“用不同的文字和命名方式做标签”这些地方下功夫。

如何选择收纳用品

左右脑型的人如果将日用品放在看不见的地方就容易遗忘，所以“可视化”是选择收纳用品的基本原则。此类型的人喜欢批量购买物品，一旦看不见就会重复购买，所以收纳盒尽量使用透明或半透明的款式。

因为这类人不太擅长把握物品的整体数量，因此推荐使用开放的收纳架或者便于拿取物品的悬挂式收纳盒。

左右脑型有效收纳要点

- 制定适合自己的大致收纳规则
- 感兴趣的物品即使隐藏收纳，也不会忘记
- 使用一目了然的收纳方式，兼顾库存管理
- 一旦收纳失去头绪，可以参考右右脑型的收纳方法
- 考虑开放式或悬挂式收纳

厨房

即使整体看起来有点杂乱，左右脑型的人也会考虑厨房物品使用的方便性，同时不做细化收纳，对他们来说也是明智的选择。

烹饪工具分为常用与不常用两种，常用的烹饪工具可以使用无遮挡收纳或悬挂式收纳，以便快速拿取。如果设置太细化的位置或者分格过于严格，久而久之就会懒得归位。

适合左右脑型的厨房的整理分类建议

有用的工具	还算可用的
有比没有好	完全没有用的

作为道具来判断可用性

一旦混入个人感情，厨房物品就会很容易变成“收藏品”（不会用也不舍弃），所以建议将厨房的物品以“这个工具是否在使用”这个标准来判断取舍。

如果是有着收藏意义的物品，不用纠结是否要丢掉，将其收纳在其他空间即可。

像筷子或木铲这样细长的烹饪工具，放在直立式的收纳容器里会更方便。

干货或调味料等食品，一定要使用一目了然的可视化收纳方式。推荐使用没有盖子的半透明盒子或可以随手拿取的篮子等，里面的物品竖立摆放，不堆叠就可以清楚了解里面物品的情况。

即使出门前写好购物清单，左右脑型的人也会额外购买清单以外的物品，所以很容易造成食物囤积或过期的情况。尝试给自己规划一个食物库存的空间，超过这个空间的量就不买。然后养成在出门购物前看一下库存的习惯，就可以预防此类情况的发生。

对于日常烹饪中不常用的物品，比如各种可爱的烘焙用具，一定要经过严格的筛选再购买或持有。左右脑型的朋友尤其要注意这一点。

各种锅或夏天常用的玻璃器皿等，随着季节的变化，使用频率也有所改变，可以像衣物换季一样，结合换季调整收纳位置。过季的物品收纳在柜子里面，当季物品则放在一目了然、随手可取的位置。为了方便换季时的移动，建议使用集中收纳的形式。

左右脑型的朋友习惯考虑合理性的配置，所以有时候厨房的物品会放在厨房以外的地方，例如会将一些常温储存的食品收纳在玄关处，理由很可能是“这个地方温度恒定”。他们向来遵循自己认可的收纳规则。

如果要将物品放入一些不规则空间，也要建立能够清晰掌握内部物品情况的收纳方法。建议将物品放入收纳袋，再用半透明的文件盒收纳，以方便查看内部物品的收纳情况。

厨房收纳用品推荐

密封袋

使用密封袋可以将体积小的物品收纳在内，而且一目了然。同时用密封袋的大小来限制收纳量，也能减少囤积物品的情况。密封袋的尺寸各异，尽量将同样尺寸的集中放在一起，用文件收纳盒等方式收纳，这样既容易马上找到需要的尺寸，也不会显得杂乱。

厨房的整理建议

- 常用物品和不常用的物品分开收纳
- 常用物品使用悬挂式收纳或开放式收纳
- 给自己制定库存量清单
- 平时不常用的物品要谨慎购买
- 不规则空间内的收纳物品要使用便于掌握物品情况的收纳方法

客厅、餐厅

客厅作为家庭成员使用的公共空间，如果依然按照左右脑型“独特的收纳法”来整理，会让家庭成员产生类似“为什么指甲剪会放在这样的地方”等无法理解的情况。

为了避免这种情况，可以将公共物品收纳的空间规划制定好，类似“生活杂物放在柜子的小盒子里”“文具类放在收纳柜的抽屉里”等，并清晰传达给家庭成员。

适合左右脑型的客厅、餐厅的整理分类建议

必备物品	留下比较好
没有也可以	完全没有用

以“必备物品”“闲置物品”为判断基准

分好“必备物品”和“闲置物品”后，再进一步细化分类。保留“必备物品”和“留下比较好”这两部分的物品，将“没有也可以”这类物品收纳到其他空间。如果“完全没有用处”的物品在别的地方也用不上，可以考虑舍弃或送给有需要的人。

对于有孩子的家庭，可以给孩子规划儿童适用的收纳空间，收纳他们的玩具、衣服和绘本。在兴趣手工区，可以将手工类物品进行展示型收纳。需要注意的是，收纳用品依然是选择可视化，可以选用不锈钢架子或半透明的塑料收纳盒。如果想要客厅看起来很漂亮，可以将所有收纳工具都放在自己喜欢的家具里面。但要谨记，要在抽屉或者平开门上贴好标签，从而掌握内部物品的情况。

收纳盒里最好是单一种类的物品，避免多种类物品掺杂在一起，例如“写字工具”专用的盒子里面就只放圆珠笔或钢笔，然后大致收纳，能随手放入和拿出就可以。

DVD 或 CD 类的收纳，最好是将光碟拿出统一收纳在 CD 收纳包里。

孩子玩的游戏光碟或卡可以使用收纳包进行收纳，既方便寻找也便于归位。

如果颜色太多会让左右脑型的人感到难受，所以要保持颜色的简洁。收纳盒和标签纸等物品，尽量不要超过三个颜色。

左右脑型的人喜欢变换家居环境和收集新的信息，有时甚至会改变整体风格。但是切记，在改变风格布局的时候，不能改变基本的收纳方法。如果要从零开始重新搭建收纳体系，将是非常吃力的事情。

如果要变换家居或收纳用品，尽量选择一直喜欢的同类或相似物品来替换。如果只在意款式好看而不考虑收纳体系的适用性，就会降低新环境的居住体验感。

左右脑型的人是不是经常买那种“看起来挺方便”，结果用起来很费劲的商品呢？这是由左右脑型的左右脑互相矛盾的特点导致的。一方面，负责输入的左脑重视功能性强的细化分格收纳；另一方面，负责输出的右脑又喜欢用大开口式的收纳盒进行大致收纳。如此一来，造成了选购之初以为好用的物品，实际用起来却并不那么理想的情况。

客厅需要可视化的收纳，对于相互矛盾的左右脑型来说，在实操的时候优先考虑右脑的特性会更容易成功。

(!) 客厅、餐厅的整理建议

- 将物品分区进行集中收纳
- 可视化收纳可以使用不锈钢架子
- 收纳盒子内不要用过于细化的分格收纳
- 即使要变换家居样式，也不要轻易改变收纳体系
- 收纳方法优先考虑右脑的特性

衣橱

左右脑型的人常常会根据当下的心情选择穿衣，所以在四个脑型中应该是最常打开衣橱的。同时，衣服会根据“出门穿”“平常穿”“室内休闲服”等进行分类，服装量也很多。

然而此类型的人不擅长细致地分类衣服，所以采用最简单的粗分收纳即可。

适合左右脑型的衣橱的整理分类建议

风格特别的	特别喜欢的
应该还会穿	送人

独特的分类法

“自己的物品自己决定”是左右脑型最明显的作风。左右脑型是四个脑型中唯一不用“不喜欢”“舍弃”这种标准，而基本以“喜欢”倾向来分类的脑型。我示例的这个四分法分类也只是其中一种，仅供参考，左右脑型的人可以根据自己的感觉用别的分类法进行整理。

相比折叠收纳，左右脑型人的衣服更适合悬挂式收纳，衣架也尽量选择干湿两用的。如此一来，洗好的衣服晾干以后就可以直接挂入衣橱，非常方便。

但如果放任不管的话，衣服会越来越多，所以很有必要定期对自己的衣服数量进行清点。如果很难控制衣服的数量，可以用衣架的数量来限定衣服数量，多出来的就及时处理。

因为左右脑型的人不擅长折叠衣服，所以斗柜抽屉的收纳就不那么得心应手了，但是如果用卷式折叠方法，可能就比较容易维持。

抽屉内不用做细化分类，只需大致分出上衣和裤子，用轻松的分类方法进行收纳。如此一来，就可以随心所欲地轻松归位不复乱。抽屉收纳就从“只要可以将衣物放回抽屉就不错了”这样的心态去开始吧。

抽屉内部选择以抽屉高度为准的竖立折叠收纳法更为合适。打开抽屉一目了然，并能轻松拿取所需的衣服。但完全不必要求自己将衣服统一方向或按颜色去排列。靠抽屉外面的衣服竖着排列,靠抽屉里面的为了节省空间可以横着排列，只要自己觉得方便就行。

如果要着手选购收纳用品的话，建议选择可以看到内部的透明塑料收纳盒。对于左右脑型的人来说,这一点非常重要。即使没有标签，也能够很轻易地辨别、将物品归位。

只要自己觉得合理，即使将物品放在不好拿的位置也没有关系。不要被一般的收纳规则束缚，尝试创造出属于自己的收纳规则吧，即使在收纳过程中发现无法维持，换个方法再尝试就好了。

衣橱收纳用品推荐

分类盒子

推荐一些小盒子作为抽屉内的分格收纳盒。这些收纳盒可以整个从抽屉中取出，整个放入也相当方便，如果里面收纳的是经常使用的物品，可以作为开放式收纳的工具。不用的时候还可以折叠起来，作为临时收纳也很方便。

衣橱的整理建议

- 使用大致收纳方法
- 用衣架数量来控制衣服的数量
- 抽屉内的收纳遵循轻松易维持的规则
- 收纳用品要能看到内部
- 不拘泥于常规收纳方法

洗手间

每天使用的物品直接放在洗漱台上就好，这样也能轻松将物品归位。不追求复杂的收纳细则是左右脑型人独特的风格。

洗漱台面经常会溅水，所以避免在洗漱台面上使用藤编的篮子，尽量选择塑料的收纳用品，这样即使沾水也能轻松地将水分擦干。卫生间是对整洁感要求很高的地方，避免使用过多颜色的物品，虽然要看得见内部，但收纳用品要尽量选择简洁的款式。

集中收纳可以很好地把握整体的库存量，所以清洁剂或肥皂类用品也应该进行集中收纳，这对容易囤积物品的左右脑型人来说非常重要。

另外,可以尝试使用一些一般洗手间不会用的收纳用品。例如用文件收纳盒来收纳卫生纸等，这些有创意的收纳也符合左右脑型人的风格。

更衣的地方可以准备一个脏衣篮，保证随手可以放置待洗衣服。此外，洗澡以后需要穿的贴身内衣裤，也可以在洗手间里设置一个收纳的地方，家庭成员各自用不同的半透明收纳盒分类收纳并放入柜子里。

❗ 洗手间的整理建议

- 洗漱台用敞开式收纳更顺手
- 收纳用品使用清爽的款式
- 为了预防囤积物品，一定要用可视化的方式集中收纳
- 活用不同的收纳法进行创意收纳
- 设置内衣裤收纳空间，轻松换衣

玄关

玄关要避免设置开放式收纳，尽量营造简洁的空间。左右脑型的人不喜欢做烦琐的事情，所以避免使用那些存放多样物品的复杂的收纳用品，而是把鞋简单地排列在鞋柜里。虽然能收纳很多物品是好事，但是如果无法很好地进行物品收纳就变得毫无意义。

像大衣外套、靴子等用直立悬挂的挂钩收纳，可以让玄关变得更清爽。

在玄关处设置一个简单的收纳空间，用来放出门随手要拿的钥匙。如果鞋柜上方有置物空间，这里就是钥匙收纳的最佳位置。鞋子、除味喷雾等物品可以用收纳用品集中收纳起来放入鞋柜里面，如此一来当要用到这些物品的时候可以马上拿出来，非常方便。

书柜

对于书籍收纳，左右脑型的人更倾向于以合理地使用书本为目标。烹饪类的书籍可以放在厨房，杂志或报纸放在客厅，小说类的书籍放在卧室。

如果是家庭成员共用的书柜，建议按照每个人的阅读需求进行空间区分。不建议用书本的颜色进行分类，因为这样会使得左右脑型的人难以寻找。

适合左右脑型的书柜的整理分类建议

烹饪类	室内装饰类
商务类	其他类

根据书本类别分类更容易寻找

左右脑型的人喜欢根据书本的阅读场所分别放置。首先，在整理的时候要先将全部书本集中摆放在一起，以了解自己拥有的书本数量。分好书本的类别以后，再规划这些书应该收纳在哪里会更合适。

书桌

对左右脑型的人来说，书桌整理也应该采用大致收纳的原则，但贴上标签是必不可少的步骤。

此种脑型的人会根据文字来寻找并凭直觉进行归位，因此，设置一个稍微看一下就能清楚文件位置的收纳体系非常重要。虽然用颜色进行标识有一定的效果，但是颜色一多就会难以判断，所以设定三种颜色分别表示“重要”“待处理”“已处理”就好。

因为比较重视物品使用的合理性，所以文具可以设定好收纳位置，再分类别收纳在抽屉里。一定要记得贴上标签，这样即使偶尔放错地方，也能快速归位。书桌上使用的工具，一定要经过自己严格筛选再采购使用。常用物品可以放置在书桌显眼的位置方便拿取，但不要妨碍到要在书桌上进行的工作。

电脑

因为负责输入的是理性的左脑，所以左右脑型的人会更倾向于用文字去查找资料。首先，文件夹可以用“xx资料”“xx用途”等，对文件的属性进行明确的分类。另外，下载下来的文件一定记得统一保存在一个文件夹里。

为了方便检索，尽量使用文件用途、日期和数字等进行命名。彻底执行这样的保存规则，以后的管理就会变得轻松。

桌子、电脑的整理建议

- 文件管理必须使用标签
- 切记不要用过多颜色的标签去管理文件
- 常用物品在书桌上设定好位置，方便随手拿取
- 文件夹分类一定要彻底执行
- 文件用“文件用途＋数字”进行管理

规划未来

在做未来规划的时候，左右脑型的人喜欢先用文字对优先顺序进行排位，然后再用照片或插图来表示。在规划开始前，先选一本自己喜欢的笔记本，然后在笔记本上列出：1. 想做的事或想尝试的事；2. 不想做的事；3. 想要的东西。然后想到什么就在上面写下来，从中找到属于这 3 个大项下的 10 个小项，再对这些小项进行排序。以上是理性左脑想到的方法，接下来的工作要交给右脑了。

对每一大项的前三项，找出相关的照片或插图，贴到笔记本里。通过图像直观地看自己的所思所想，这样能更清晰地了解自己的价值观，同时也能清晰地了解自己的理想和未来。习惯了这样的方式以后，5 年后、10 年后依然可以用同样的方法去规划人生。

手帐和日程管理

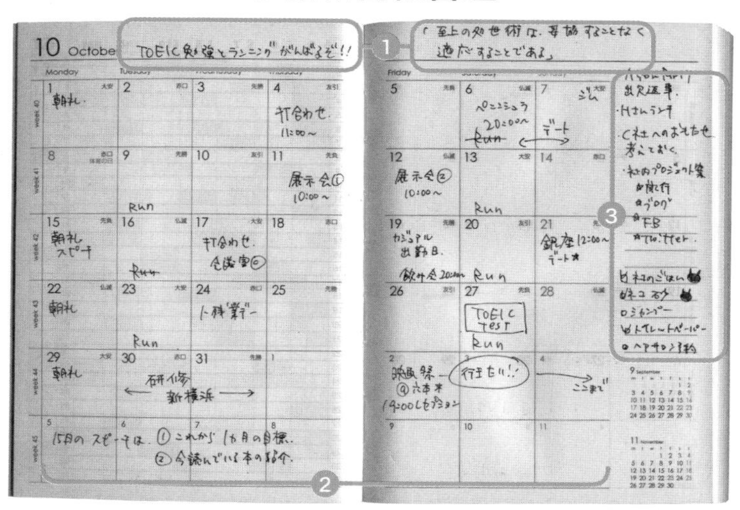

左右脑使用日程管理表的要点

❶ 写入目标和心情

除了 TODO 事项以外，也在手帐上写下自己的目标和心情吧。手帐上印有的“今日金句”，可能会是左右脑型喜欢的。

❷ 不要用过多的颜色标记

如果用过多的颜色进行书写，会难以读取文字信息，所以最多使用三个颜色。

❸ 手帐里书写的位置尽量多

TODO、目标等，想要写的事项会很多，所以尽量选择书写空间比较多的手帐本。

惯用脑 Q&A

为尽量方便更多的人参考，
粗略分为左脑和右脑来提出建议。

Q 我儿子 5 岁了，要不要尽早给他测一下惯用脑型，然后教他相应的收纳方式?

A 不用着急。惯用脑的形成大概要到 6 ~ 7 岁，因此你家孩子目前还没必要做脑型测试。如果孩子年龄比较小，可以结合父母的脑型来进行判断。

在惯用脑倾向出现之前，花一些功夫让孩子感受整理的乐趣吧。比如说在收拾毛绒玩具的时候，采用“小熊先生是在这边睡觉呢”等轻松的表达，让孩子一起参与进来。这样一来，无论是什么样的脑型，都有可能爱上整理。

还在上小学的女儿是左脑型，对整理没有兴趣，总是来回找自己的东西。我自己是右脑型。

从惯用脑的角度来判断，你的孩子绝不是不会整理的那种类型。共同生活期间，你们之间很有可能在整理方法上产生分歧。

右脑型的你，空间把握能力较强，什么东西放在什么地方，基本能做到心中有数，但这对于左脑型的孩子来说是很难的。所以很可能会来回找东西。首先要认识到，孩子的收纳方式和你的并不相同。

左脑型的孩子，没办法顺利传达感觉上的东西。但如果从理论出发、按顺序具体说明的话，他们就很容易接受。“既然学习是在书桌上完成的，那把需要用到的东西放在书桌周围，对吧？”——如果他们能认同，就能很好地坚持下来，今后也能成为会收纳的人。

Q 我儿子是高中生，他的房间不管怎么收拾，都会马上变乱。到底该怎么做呢？顺便说一下，我自己是左脑型。

A 和擅长整理的你相反，你的儿子应该是右脑型吧？如果是这样的话，不管重复说多少遍“把房间好好收拾一下”，都是没有用的。

左脑型的你强行让孩子整理，孩子只会表示“做不到”，并感受到压力，反而会越来越讨厌整理这件事。过分唠叨，只会起到反作用。

右脑型的孩子，比较适合“把散落在外面的衣服统一放回筐子里，把书桌上的教科书和笔记本放到文件盒里面”这种直截了当的方法。可以先给他做示范，让他感受到自己的空间变得干净整洁了。这样做的话，他会比较容易接受。

先定下最简单的规则，然后帮助他遵守。

两个儿子都在上初中，一个是右脑型，一个是左脑型。他们俩共同使用一个房间，需要改变整理方法吗?

两个人在成为中学生之后，个性越来越突出，兴趣也不一样，所以各自拥有的物品种类和数量也大不相同。

另外，不同脑型的整理方法是不一样的。拿衣物举例，比起将同一抽屉一分为二再放入各自物品这种做法，更建议让他们各自使用独立的抽屉。

右脑型的孩子，不用要求他把衣服整齐叠好放入，能把衣物放进去就可以了。而对于左脑型的孩子，只要告诉他叠衣服的方法，他可能就会叠了。另外，可以告诉他们，抽屉内部不要塞满，以便今后还能有空间再放入一些衣物，对于不穿的衣物要另行保管。

让他们在每个抽屉上都贴好标签。关键是采用他们喜爱的风格。

Q 我老公总是到处乱放东西，不擅长整理。他是右脑型，我是左脑型。

A 先和你老公好好地谈一谈。如果平时只是摆出嫌弃的脸，起不到良好沟通的效果，整理也没有办法顺利进行。口头责备只会让右脑型的人反感，倒不如试试边给他看家居杂志上的图片边说：“好想把家里也弄得这么漂亮啊。”右脑型的人听了之后可能就会蠢蠢欲动。

接下来，自然地说上一句：“我们一起来整理吧。”整理的时候按照右脑型的特点来做就行。

好好沟通这件事，除了和自己的丈夫之外，和父母、公婆也是一样的道理。比如说，当你帮忙去做整理的时候，事先了解一下对方的脑型再考虑下一步做什么，这样一来我们的人际关系也会变得和谐。

Q 左脑型的朋友要搬家，喊同为左脑型的我去帮忙，按照我自己的想法去帮他可以吗?

脑型相同的话，对于不要的物品的处理、整理的方向都是相似的。但要考虑到不同环境给大脑带来的不同影响，即使相同脑型也并非完全一样，还是得尊重朋友的想法。

在处理物品的时候，由于对自己的东西倾注了情感，你的朋友可能会犹豫不决。这个时候，你作为旁观者就可以帮助他去做判断。但要注意，你只是一个协助者。

另外，从生活整理的角度看，搬家被视作重新审视物品的最佳机会——一个把新家必需品筛选出来的好机会。很多人通过搬家，过上了舒适的生活。

把家中所有的物品都拿出来，“给房间做个大手术”，请积极地帮助他吧!

复乱也没关系！

无法整理的主要原因大致分为三种。一是“对自己的物品有执念”，二是“和大脑有关的问题”，三是“情境因素”。

进一步说，在整理的步骤“减少、整理、维持”上卡住了，相应的解决方法是不同的。

针对第一种原因，为了能够了解自己、找到适合自己的方法，可以试着从惯用脑着手，降低整理的难度。

第二种原因可能涉及和大脑有关的问题，包括多动症、抑郁症、认知障碍、创伤性脑损伤、其他神经科学（俗称脑科学）等原因，这种情况必须向具有相关专业知识的生活规划师寻求帮助。

第三点“情境因素”，包括不知道方法、空间上的制约、人生的转折等导致的几种情况。例如，在维持阶段，哀叹“又复乱了，我果然是不会整理的人”为时过早。为什么这么说呢？因为最难的就是维持。人生不同阶段（结婚、离婚、死别、转行、工作调动、生育、生病、陪护等），出现这种“一直以来都挺顺利的，怎么突然就行不通了”的情况是很正常的。

生活整理上把这种情况定义为 SD 状态（Situation Disorganization，由于某种情况和环境变化而导致的一时间无法整理）。在人生的转折点，复乱是必然的结果，也是常态。

那么，在这种时候需要重新审视自己的人生，回到生活规划的起点，从头开始。不要害怕复乱，让我们的生活变得更轻松吧！

第三章

整理指南

日用品有这些就够了

日用品的库存如果过多，会导致混乱并造成浪费。列表上的是合理的存量。“一个人的话大概是这么多”，试着按照这个量去准备吧。

※ 夫妇和两个孩子组成的四口之家的合理用量

种类	合理数量	内容
浴巾、面巾	一人2条 × 家庭人数	由于浴巾比较占地方，所以数量不能太多。一用一替，每人两条就足够了。
浴垫	4条	放在地板上很容易沾到灰尘和头发，特别容易弄脏，要注意勤洗勤换。
餐具毛巾	4条	每天用2条，再备2条库存。这样一来，随时都能用上干净的。
拖鞋	家庭人数 + 客用4双	客用的是四季通用款，考虑到一家四口来家里做客的情况，所以准备4双。不穿拖鞋的家庭可以一双都不用准备。
抹布	3~5条	只有1条的话边洗边用很麻烦，打扫的时候多备几条同时使用，这样效率比较高。
床单、被子和枕套	家庭人数 × 2套	准备很多不但没办法全用上，反而占地方。破了就更换。
客用被褥	1套或者0	如果借宿客人较多，可以按照人数准备相应的数量。没有人借宿就不用准备。不放心的话就准备1套。
抽纸	5盒或者10盒	可以买那种一提5盒装的。剩余2盒的时候去补货。

种 类	合理数量	内 容
厕所用纸	24卷	库存数量根据收纳空间来决定。剩余2卷的时候去补货。
保鲜膜和锡纸	2盒	因为可以长期保存，所以容易为了便宜大量购买。开始使用备用品的时候去补货。
煮锅	不同类型的各1个	大的煮锅、炖菜用的双耳锅、中号单手锅、小锅等，不同用途的各备1个。
煎锅类	不同类型的各1个	一般大小的煎锅、大炒锅、煎蛋卷的锅各1个。
菜刀	2把	考虑两人同时下厨的情况准备2把。再准备一把切菜用的贝蒂刀。
碗	1大、2中、4小	统一款式的可以叠放，收纳起来也较美观。
做菜工具	按用量准备	勺子、筷子、饭勺、切片器等不容易坏，没必要准备库存。
垃圾袋	各留1袋备用	明智的做法是准备1袋备用，快用完的时候去补货。
伞	大人各2把，孩子各1把，客用2把	一人1把自用伞。大人再各备1把折叠伞。备用2把，突然下雨的时候，可以借给客人。
纸袋	控制数量	大大小小的纸袋、塑料袋很容易越攒越多。用收纳盒限定空间，以便控制数量。

衣物的叠法

“容易拿取”“简单”“美观”等，侧重点不同，相应的叠法也是不同的。

根据自己的物品以及收纳的地点，再配合惯用脑的特点去选择相应的叠法，就能长期维持整洁的状态。

右脑倾向较强的人，喜欢省时、简单的叠法，稍微叠一下再卷起来。其中，还有人自创叠法。

左脑倾向较强的人，叠的时候会优先考虑形状相同并保证不散。比较推荐那种即便是收纳起来也不会乱的、比较扎实的叠法。

这里会介绍衣物类的基础叠法，你可以适当加入一些个人的想法，让自己的收纳变得轻松！

短袖T恤

①

从背面把袖子和衣身两侧向中间折叠。小心褶皱。

②

参照收纳空间的尺寸，将下摆向肩膀方向折叠。

长袖T恤

①

注意不要把袖子叠在一起，斜着折叠。

②

衣身两侧向里折。

③

对折。

④

翻到正面就完成了。由于袖子没有叠在一起，叠放的时候，要注意平放。

袜子

①

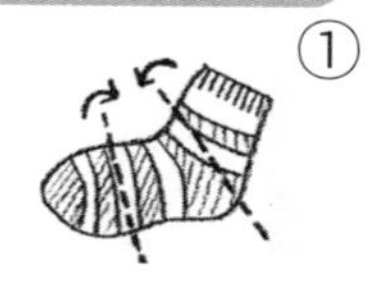

把两只袜子叠在一起。从脚尖部分开始折叠，三折。

②

将袜口橡皮筋的部分反过来包住整体，形成一个袜包。

③

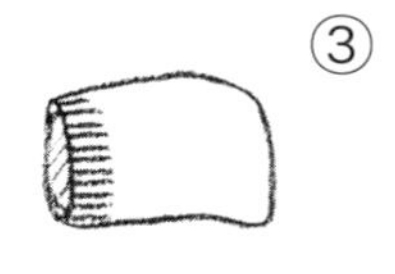

由于被松紧部位固定住了，所以不会散开。

带胸垫的吊带衫

①

正面向上平放。

②

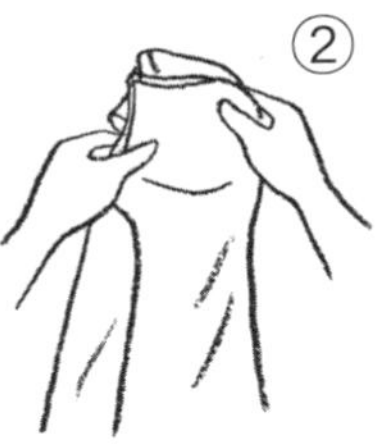

衣肩带塞入衣服内部，对折。这时候，将一侧的胸垫翻过来，使其正好能和另一侧重合。

③

散开的下摆叠好，将整体叠成一个长方形。

④

配合收纳空间，叠成小块。

牛仔裤

①

裤子反面朝上，对折。

②

三折，如图中所示，把裤腿夹在前面的口袋那一侧。

③

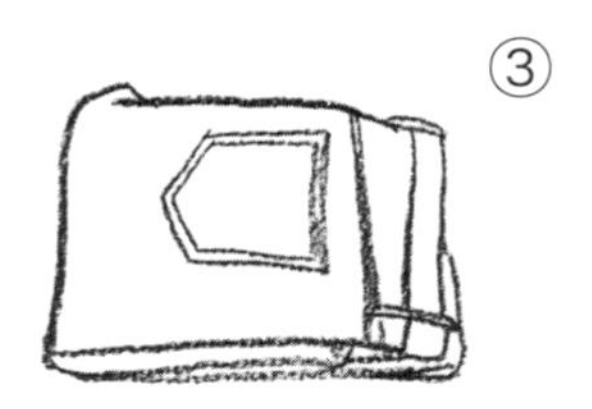

裤腿下摆继续往里调整。取放时不会散开。

短裤

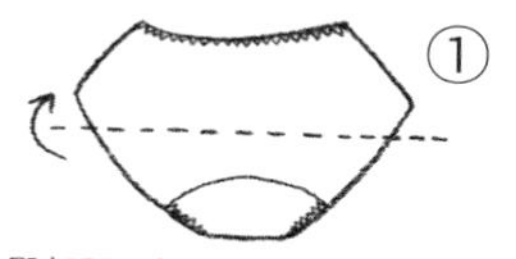

①

臀部那面朝上摆放，对折。

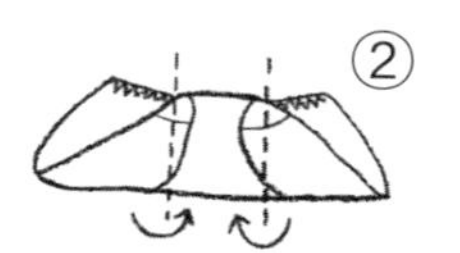

②

左右两侧向内折，中间部分重叠。

③

翻过来就完成了。还想叠小一点的话就再对折一次。

文胸（无缝杯 & 带钢圈）

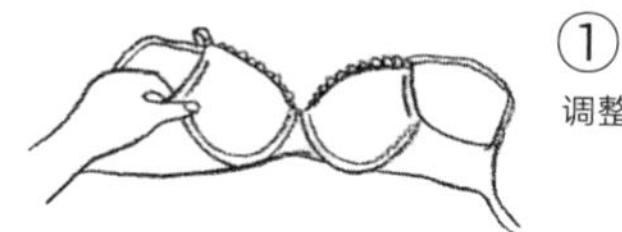

①

调整文胸。

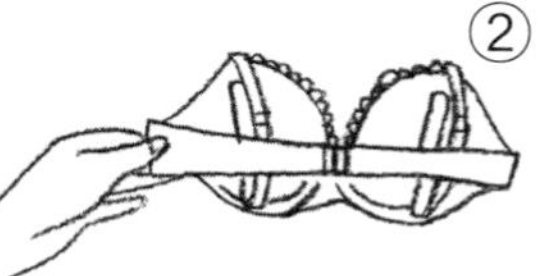

②

为保证形状不散，系上搭扣、肩带收入杯中。

③

为使肩带不跑出来，松紧带部分折叠后再收纳。

无钢圈的情况，直接对折，调整杯面，使其朝向一致。再把松紧带部分折叠，和肩带一起收入罩杯中。

平角裤

①

纵向三折，松紧带部分叠至三分之一处，把下摆塞入腰部松紧带处。

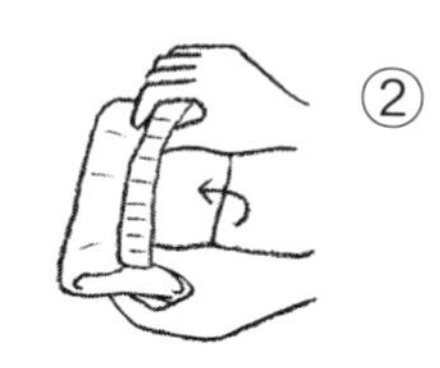

②

用手指把下摆塞入深处。如图中所示变成一个小包袱后，就不会在抽屉里面散开。

后　记

我在前言中提到过，即便是现在，我还是不喜欢整理，也不擅长整理。

不过与之前相比，我对于整理的抱怨和压力确实减少了很多，每天都能轻松地生活。

本书以惯用脑为切入点，介绍了一些生活整理师的手法，但由于这些是订制化服务，所以那些觉得“光靠看书还是不会整理”的人，请你联系身边的生活整理师，为你订制适合的整理服务。

整理不是目的，是我们过上舒适生活的手段。了解自己，选择适合自己的方法，就能拥有带来幸福感的居家环境和理想生活。